한눈에 알아보는 우리 생물 2

화살표 **식물도감**

한눈에 알아보는 우리 생물 2

화살표 **식물 도감**

펴낸날 | 2016년 6월 15일 초판 1쇄
　　　　 2025년 3월 1일 초판 3쇄
글·사진 | 김성환

펴낸이 | 조영권
만든이 | 노인향
꾸민이 | 정미영

펴낸곳 | 자연과생태
주소_서울 마포구 신수로 25-32, 101(구수동)
전화_02) 701-7345-6 팩스_02) 701-7347
홈페이지_www.econature.co.kr
등록_2007-000217호

ISBN: 978-89-97429-64-6 93480

김성환 ⓒ 2016

이 책의 저작권은 저자에게 있으며, 저작권자의 허가 없이
복제, 복사, 인용, 전제하는 행위는 법으로 금지되어 있습니다.

한눈에 알아보는 우리 생물 2

화살표 식물도감

글·사진 김성환

자연과생태

머리말

　1988년, 대학에서 처음으로 '식물분류학'이라는 과목을 접했고, 식물의 매력에 빠져 무작정 두꺼운 『대한식물도감』을 샀습니다. 그 책에서 찾고 싶은 식물을 어떻게 찾아가야 할지 몰랐던 저는 첫 페이지부터 마지막 페이지까지 넘겨보는 수고를 밥 먹듯이 했습니다.

　그런 제가 지금, 예전의 저와 같은 사람들이 볼지도 모르는 책을 감히 펴냅니다. 이 책을 쓰면서 가장 고민한 것도 독자께서 식물 이름을 쉽게 찾도록 하는 것이었습니다. 고민 끝에 제가 사용하는 검색표를 제시하고 고유번호를 매겨 해당 종을 빨리 찾아갈 수 있게 구성했습니다. 또한 식물에 관한 기초지식이 없더라도 쉽게 구별 포인트를 파악할 수 있도록 화살표로 짚어 설명하는 방식을 적용했습니다. 실제로 저는 현장에서 촬영한 식물 사진을 정리할 때 목, 과, 속 같은 분류체계에 따르지 않고, 이 책에 제시한 검색표에 따라 정리하는데, 사진을 찾을 때 무척 편리했습니다. 아울러 더 바라는 것이 있습니다. 이 책이 많은 분들께서 효과적으로 기초를 익혀 더욱 전문적인 도감으로 건너갈 수 있도록 안내하는 역할을 하면 좋겠습니다.

　이 책은 야외에서 관찰한 식물을 보고 특징적인 부분을 틈틈이 메모한 야장(필드노트)의 성격에 가깝기 때문에 많은 정보를 제공하기보다는 핵심 정보를 바탕으로 종의 이름을 찾고, 유사한 종을 비교할 수 있도록 고안했습니다.

본문은 3개 영역, 나무(직립성), 풀(직립성), 덩굴식물로 모둠 지어 구성했습니다. 사람들 대부분은 직관적으로 이 셋을 구별할 수 있으므로, 보고 있는 것이 나무라면 1~129번, 풀이라면 130~321번, 덩굴식물이라면 322~352번의 식물만 찾아보면 됩니다.

그 다음, 나무에는 1년 중 반 이상 잎이 달려 있기 때문에 잎의 구성과 배열을 바탕으로 분류했고, 풀은 대개 잎과 꽃이 같이 나오기 때문에 주로 꽃의 특징을 들어 분류했습니다. 덩굴식물도 잎의 구성과 배열을 바탕으로 분류했습니다. 이런 구성을 따라가다 보면 누구나 손쉽게 식물 이름을 찾아볼 수 있으며, 사진과 함께 각각의 핵심적인 내용을 설명했으므로 이름을 찾는 과정에서 식물에 대한 지식도 자연스레 쌓을 수 있을 것입니다.

이 책에서 다룬 식물은 여러분께서 평소에 한번쯤은 보셨을 주변에 흔한 종입니다. 이 책을 통해 어느 정도 식물을 식별할 수 있게 되면 다음에는 더욱 전문적인 도감을 들고 섬이나 고산지대처럼 특별한 서식지까지 멀리 나가서 식물을 찾아보시기를 바랍니다. 지금 시중에는 매우 훌륭한 식물 도감이 많습니다. 저 역시 여전히 그 도감들을 보면서 식물 이름을 하나하나 알아가는 즐거움을 누리고 있으며, 거기서 얻은 지식을 바탕으로 강의도 합니다.

이 책은 전작인 『우리 동네 식물 찾기』를 토대로 만들었으며, 그보다 2배 이상 많은 종을 다루었습니다. 이 책이 나올 수 있는 토대를 마련해 주셨던 사)한국숲교육협회 이명환 회장님과 김은숙 박사님, 학부 때부터 지금까지 늘 함께한 오랜 벗이자 한반도곤충보전연구소 소장인 백문기 박사님께 감사한 마음을 전합니다. 또한 여러 모로 부족한 저에게 이런 멋진 책을 출간할 기회를 주신 도서출판 <자연과생태> 관계자 분들께 감사합니다.

2016년 6월

김성환

일러두기

꼭 읽어 보세요

- 이 책은 식물의 핵심 정보만으로도 해당 식물 종을 찾을 수 있게끔 만들었습니다.
- 보기 어렵거나 희귀한 종을 제외하고 집 주변, 냇가, 공원, 낮은 산 등 생활 주변에서 흔하게 볼 수 있는 식물을 선별했습니다.
- 나무, 풀, 덩굴식물로 모둠 지어 본문을 구성했으며, 479종 고르고 생김새가 비슷한 종은 같은 페이지에 실어 비교 설명했습니다. 선별한 종에는 1~352번까지 고유번호를 매겼습니다.
- 낯선 식물을 만났을 때 책 앞쪽의 '식물검색 시작하기'에서 어디에 해당하는지를 살피고 고유번호 영역에서 그 종을 찾으면 편합니다.
- 풀 중에서 꽃 모양으로 종을 찾을 때는 '주요 '과' 풀꽃의 특징'에서 생김새가 비슷한 꽃을 살피고 고유번호 영역에서 그 종을 찾으면 편합니다.
- 각 종의 식별 포인트를 직관적으로 알 수 있도록 화살표를 표시했으며, 여기에 종에 대한 설명을 덧붙였습니다.
- 종 설명에서는 불가피하게 전문 용어를 사용했습니다. 책 앞쪽에 실은 '필수 용어 해설'을 보며 용어를 익히면 식물을 이해하는 데 큰 도움이 됩니다.
- 식물의 정명은 『국가표준식물목록』(국립수목원, 2010), 과명은 『대한식물도감』(이창복, 2003)의 체제를 따랐습니다. 학명은 생략했습니다.

식물 검색 시작하기

※ 어깨번호가 달린 용어는 '필수 용어 해설'(14쪽)에서 자세하게 풀이했습니다.

특징	고유번호
I. 나무(목본) - 직립성	1~129
1. 침엽수	1~16
1) 낙엽침엽수	1~3
2) 상록침엽수	4~16
2. 활엽수	17~129
1) 단엽[19]	17~100
(1) 호생[64]	17~76
① 교목[10] 또는 소교목[32]	17~57
· 꽃은 화피[66]가 뚜렷하게 발달	17~36
· 꽃은 화피가 뚜렷하지 않으며, 이삭으로 달리거나 짧은 축에 모여남	37~57
② 관목[8]	58~76
(2) 대생[21]	77~100
① 교목 또는 소교목	77~85
② 관목	86~100
2) 복엽	101~129
(1) 3출엽[1]	101~105
(2) 우상복엽[48]	106~127
① 줄기에 가시가 있음	106~112
② 줄기에 가시가 없음	113~127
(3) 장상복엽[52]	128~129

특징	고유번호
II. 풀(초본) - 직립성	**130~321**
1. 쌍떡잎식물(그물맥, 꽃잎과 꽃받침 발달, 꽃 부분은 4~5수성)	**130~275**
1) 국화과 (10쪽 참고)	**130~171**
① 꽃은 설상화[30](주변부)와 관상화[9](중심부)로 구성	**130~147**
② 꽃은 모두 설상화	**148~157**
③ 꽃은 모두 관상화	**158~171**
2) 제비꽃과 (10쪽 참고)	**172~179**
3) 장미과 (11쪽 참고)	**180~185**
4) 콩과 (11쪽 참고)	**186~195**
5) 석죽과 (11쪽 참고)	**196~201**
6) 십자화과 (12쪽 참고)	**202~212**
7) 마디풀과 (12쪽 참고)	**213~221**
8) 꿀풀과 (13쪽 참고)	**222~229**
9) 기타	**230~275**
① 노란색 꽃	**230~243**
② 흰색 꽃	**244~251**
③ 자주색 또는 파란색 꽃	**252~266**
④ 꽃이 매우 작아서 눈에 잘 띄지 않거나 이삭처럼 달림	**267~275**

특징	고유번호
2. 외떡잎식물(나란히맥, 꽃잎과 꽃받침의 구별이 없는 화피형[66], 꽃 부분은 3수성)	276~321
1) 화피가 뚜렷함	276~292
① 백합과(13쪽 참고)	276~288
② 기타	289~292
2) 꽃 부분이 주머니 같은 커다란 불염포[26]로 둘러싸임	293~295
3) 화피가 뚜렷하지 않으며, 꽃은 이삭을 형성하거나 밀생	296~321
III. 덩굴식물	322~352
1. 감는 줄기	322~343
1) 잎이 없는 기생식물	322
2) 단엽[19](호생[64], 대생[21])	323~335
3) 복엽(3출엽[1], 우상복엽[48], 장상복엽[52])	336~343
2. 덩굴손 또는 붙임 줄기	344~350
1) 단엽	344~348
2) 복엽	349~352

주요 '과' 풀꽃의 특징

과명/고유번호	특징
국화과 130~171	• 통꽃. 많은 꽃이 모여 전체가 꽃 한 송이처럼 보이는 두상화[23] • 꽃차례는 한 줄~여러 줄로 된 총포[61]로 둘러싸임 • 낱개의 꽃은 꽃받침이 변해 가시 또는 갓털이 되기도 함 관상화 설상화 / 설상화 / 관상화 설상화+관상화형 (130~147) / 설상화형(148~157) / 관상화형(158~171)
제비꽃과 172~179	• 갈래꽃. 꽃잎은 5장이며 3종류(상판, 순판[36], 측판[58])로 구성. 좌우상칭화 • 아래쪽 꽃잎 1장이 뒤로 돌출한 꿀주머니인 '거(距)'가 발달 • 꽃줄기나 꽃자루 끝에 꽃이 1개씩 달림 상판 2개 / 거(꿀주머니) 순판 1개 측판 2개

과명/고유번호	특징
장미과 180~185	• 갈래꽃. 꽃잎 5장이 같은 모양. 방사상칭화 • 암술은 1개 또는 다수, 수술 다수 • 꽃받침은 아래에서 통을 이룸
콩과 186~195	• 갈래꽃. 꽃잎은 5장이며 3종류(기판[14], 익판[51], 용골판[47])로 구성되는 접형화관[53]. 좌우상칭화 • 열매에 콩깍지가 발달 • 잎은 주로 3출엽[1] 또는 우상복엽[48]
석죽과 196~201	• 갈래꽃. 꽃잎 5장(각각이 깊게 갈라져 10장으로 보이기도 함) • 방사상칭화 • 잎은 단엽[19], 대생[21]. 잎의 기부가 서로 연결되어 줄기를 둘러쌈. 가장자리는 밋밋함

과명/고유번호	특징
십자화과 202~212	• 갈래꽃. 꽃잎 4장이 십자(十) 모양으로 배열. 방사상칭화 • 수술 6개(4개가 발달) • 꽃은 총상꽃차례[55]에 달림  총상꽃차례
마디풀과 213~221	• 마디가 약간 비대함 • 꽃잎이 없고 꽃받침조각이 5개 또는 3+3 형태 • 꽃은 이삭 모양이거나 두상꽃차례에 모여 달림 • 탁엽[59]은 엽초[44]형 

과명/고유번호	특징
꿀풀과 222~229	• 통꽃이며, 위아래로 갈라진 순형화관[37]. 좌우상칭화 • 수술은 2개 또는 4개(2개가 발달) • 잎은 단엽[19], 대생[21] • 줄기 단면이 사각형
백합과 276~288	• 화피[66]는 6장(꽃잎 3장+꽃받침조각 3개가 2줄로 배열)이 같은 모양. 방사상칭화 • 수술은 6개(또는 3개) • 잎은 단엽[19], 호생[64], 나란히맥

필수 용어 해설

1)	3출엽	마디에 달린 잎자루에 작은 잎이 3개 달리는 구성
2)	가종피	조직의 일부가 껍질처럼 발달해 종자를 둘러싼 부속물
3)	각두	많은 포가 모여 만들어진 그릇 모양 받침으로 주로 참나무과 식물에서 보임
4)	거	꽃잎이나 꽃받침의 일부가 뒤로 길게 자라서 생긴 속이 빈 돌출부. 제비꽃과나 현호색과, 봉선화과 식물 등에서 보임
5)	견과	종자가 건조하고 단단한 껍데기에 싸인 열매. 보통 종자가 1개 들어 있음
6)	결각	잎 가장자리가 갈라지는 형태
7)	경생엽	땅위로 올라온 줄기에 달리는 잎
8)	관목	키가 2~3m 이하인 나무. 대부분 기둥이 되는 중심 줄기가 없이, 밑에서 줄기가 여러 개 올라오는 경우가 많음
9)	관상화	가느다란 원통형으로 끝이 갈라지는 통꽃. 국화과 식물의 특징적 구조, 통상화
10)	교목	키가 대략 8m 이상이며, 기둥이 되는 줄기가 있어서 크게 자라는 나무
11)	교호대생	층층이 90도로 교차하는 대생
12)	구과	비늘 같은 조각들로 구성된 열매처럼 생긴 타원형 구조물. 안에 종자가 들어 있으며, '솔방울'이라고도 부름
13)	근생엽	마디 사이가 아주 짧은 줄기가 땅속에 있기 때문에 뿌리에서 바로 돋아나는 것처럼 보이는 잎
14)	기판	콩과 식물의 꽃 구조에서 꽃잎 5장 중 가장 위쪽에 있는 넓은 꽃잎 1장. 11쪽 참고
15)	꽃차례	줄기나 가지에 꽃이 달려 있는 모양이나 배열
16)	난형	달걀 모양
17)	다육질	줄기나 잎에 수분을 많이 저장해, 통통하게 생긴 조직

18)	**단성화**	꽃 하나에 암술과 수술 중 한 종류만 있는 꽃
19)	**단엽**	몸체 부분이 1개인 잎
20)	**단지**	마디 사이가 극히 짧아서 돌기처럼 보이는 가지
21)	**대생(마주나기)**	마디 하나에 잎이 2개씩 달리는 배열
22)	**도란형**	거꾸로 된 달걀 모양
23)	**두상화**	꽃대 끝에 밀생해 사람 머리처럼 생기는 꽃. 국화과 식물의 특징적인 형태
24)	**마디**	줄기에서 잎이나 겨울눈이 달리는 위치
25)	**배주**	자라서 종자(씨앗)가 되는 부분
26)	**불염포**	꽃차례를 둘러싼 포엽으로, 주로 천남성과에서 보임
27)	**산방꽃차례**	아래쪽에 붙어 있는 꽃자루가 길고, 위로 갈수록 짧아져 옆에서 볼 때 편평하게 보이는 꽃차례
28)	**산형꽃차례**	꽃자루의 한 지점에서 길이가 같은 꽃자루가 달려 전체적으로 우산 모양인 꽃차례
29)	**선점**	분비물이 나오는 조직. 보통 작은 돌기 모양
30)	**설상화**	꽃잎이 길고 납작하며, 끝이 톱니 모양인 꽃. 국화과 식물의 특징적 형태이며, '혀꽃'이라고도 부름
31)	**소견과**	작은 견과
32)	**소교목**	키가 3~7m 되는 나무. 기둥이 되는 줄기가 있지만 교목에 비해 지름이 작음
33)	**소지**	가장 마지막에 자란 1년생 가지(끝가지)
34)	**수구화수**	겉씨식물의 생식기관이며, 꽃 피는 식물의 수꽃이삭에 해당됨. 일찍 떨어짐
35)	**수피**	나무껍질
36)	**순판**	제비꽃과 식물의 꽃잎 5장 중 가장 아래쪽에 위치한 꽃잎 1장. 10쪽 참고

37)	순형화관	입술처럼 위아래로 갈라지는 화관
38)	숨구멍줄	흔히 침엽수의 잎 뒷면에 있는 흰색 줄로 '기공선(기공조선)'이라고도 부름
39)	시과	종자에 얇은 막질 날개가 달린 열매. 주로 단풍나무과 식물에서 많이 보임
40)	실편	겉씨식물의 구과(솔방울)를 구성하는 비늘 모양 조각
41)	암구화수	겉씨식물의 생식기관이며, 꽃 피는 식물의 암꽃이삭에 해당. 자라서 구과(솔방울)로 성숙
42)	양성화	꽃 1개에 암술과 수술이 모두 있는 꽃
43)	엽액	줄기(가지)와 잎자루 사이. 보통 겨울눈이 붙는 위치
44)	엽초(잎집)	잎 하단부에서 줄기를 감싸는 얇은 막질 조직. 벼과 식물의 경우 잎자루가 엽초로 발달해 줄기를 둘러쌈
45)	엽흔	잎자루가 떨어지면서 줄기(가지)에 남긴 흔적
46)	외종피	종자의 바깥쪽 껍질. 겉씨식물의 경우 열매가 생기지 않기 때문에 은행처럼 열매 모양 종자가 달리기도 하며, 이때 과육 같은 말랑말랑한 바깥쪽 부분이 외종피, 안쪽의 단단한 부분이 내종피가 됨
47)	용골판	콩과 식물의 꽃 구조에서 꽃잎 5장 중 가장 아래쪽에 달린 꽃잎 2장. 흔히 포개져 있으며, 씨방을 감싸는 경우가 많음. 11쪽 참고
48)	우상복엽	마디에 붙어 있는 잎자루에 작은 잎 5개 이상이 깃털처럼 배열되어 달리는 잎
49)	원추꽃차례	꽃자루에 달린 꽃이 전체적으로 원뿔 모양인 꽃차례
50)	윤생(돌려나기)	마디 하나에 잎이 3개 이상 달리는 배열
51)	익판	콩과 식물의 꽃 구조에서 꽃잎 5장 중 중간에 달린 꽃잎 2장. 흔히 옆으로 벌어짐. 11쪽 참고
52)	장상복엽	마디에 붙은 잎자루 끝에 작은 잎 5개 이상이 손바닥처럼 배열된 잎

53)	접형화관	나비 모양 화관. 콩과 식물의 꽃에서 보임
54)	차상맥	2갈래로 연속해 갈라지는 잎맥
55)	총상꽃차례	긴 꽃줄기(또는 꽃자루)에 많은 꽃이 줄지어 달리는 꽃차례. 꽃마다 작은 꽃자루가 있음
56)	총생	줄기의 한 지점에서 잎이 여러 개 뭉쳐나는 것처럼 보이는 배열. 보통 단지가 있는 식물에서 나타남
57)	충영(벌레혹)	곤충이 산란한 부위의 조직이 혹처럼 크게 부풀어 오른 것
58)	측판	제비꽃과 식물의 꽃잎 5장 중 중간에 위치한 꽃잎 2장. 10쪽 참고
59)	탁엽	잎자루 기부에 붙은 부속 조직 1쌍
60)	폐쇄화	꽃잎과 꽃받침이 벌어지지 않고 꽃봉오리 모양 상태에서 자가수분을 통해 수정하는 꽃. 이와 반대는 개방화
61)	포(엽)	꽃줄기나 꽃자루에 붙은 잎처럼 생긴 조각. 때로는 크고 꽃잎처럼 색깔을 띠기도 함
62)	포자수	꽃 피는 식물의 수꽃이삭에 해당하는 생식구조물. 은행나무에서 볼 수 있으며, 버들강아지와 모양이 비슷함
63)	피목	나무껍질에 있는 통기조직(숨구멍)
64)	호생(어긋나기)	마디 하나에 잎이 1개씩 달리는 배열
65)	화관	꽃잎이나 꽃받침이 만들어 내는 꽃의 형태. '꽃부리'라고도 부름
66)	화피	꽃잎과 꽃받침을 함께 부르는 용어. 보통 꽃잎과 꽃받침의 구별이 없을 때 사용

수록 순서

나무(목본) 침엽수

은행나무 1
낙우송 2
메타세콰이아 2
일본잎갈나무 3
개잎갈나무 4
소나무 5
곰솔 6
리기다소나무 7
섬잣나무 8
잣나무 9
스트로브잣나무 10
전나무 11
주목 12
노간주나무 13
향나무 14
서양측백나무 15
측백나무 15
편백 16
화백 16

나무(목본) 활엽수

감나무 17
고욤나무 17
노각나무 18
때죽나무 19
쪽동백나무 20
목련 21
백목련 21
자목련 22
자주목련 22
일본목련 23
함박꽃나무 24
튜울립나무 25
팥배나무 26
벚나무 27
잔털벚나무 27
왕벚나무 28
산사나무 29
모과나무 30
매실나무 31
살구나무 31
복사나무 32

배나무 33
콩배나무 33
대추나무 34
층층나무 35
음나무 36
느티나무 37
느릅나무 38
참느릅나무 38
팽나무 39
시무나무 40
갈참나무 41
졸참나무 42
신갈나무 43
떡갈나무 44
대왕참나무 45
밤나무 46
상수리나무 47
굴참나무 48

물오리나무 49
사방오리 50
물박달나무 51
자작나무 52
서어나무 53
뽕나무 54
산뽕나무 54
양버즘나무 55
은사시나무 56
버드나무 57
수양버들 57
갯버들 58
생강나무 59
개암나무 60
광대싸리 61
철쭉 62
산철쭉 63
영산홍 63
진달래 64
구기자나무 65
노린재나무 66
보리수나무 67
뜰보리수 67
무궁화 68
앵도나무 69

죽단화 70
황매화 70
산딸기 71
꼬리조팝나무 72
조팝나무 72
국수나무 73
산당화 74
풀명자 74
박태기나무 75
일본매자나무 76
참오동나무 77
이팝나무 78
산딸나무 79
산수유 80
배롱나무 81
신나무 82
고로쇠나무 83
중국단풍 83
단풍나무 84
당단풍나무 84
계수나무 85
개나리 86
병꽃나무 87
붉은병꽃나무 87
덜꿩나무 88

백당나무 89
불두화 89
쥐똥나무 90
서양수수꽃다리 91
수수꽃다리 91
누리장나무 92
작살나무 93
좀작살나무 93
만첩빈도리 94
빈도리 94
흰말채나무 95
화살나무 96
키버들 97
좀깨잎나무 98
사철나무 99
회양목 100
복자기 101
싸리 102
참싸리 102
조록싸리 103

모란 104
멍석딸기 105
아까시나무 106
산초나무 107
초피나무 107
두릅나무 108
해당화 109
덩굴장미 110
찔레꽃 111
복분자딸기 112
줄딸기 112
물푸레나무 113
소태나무 114
가죽나무 115
다릅나무 116
회화나무 117
족제비싸리 118

땅비싸리 119
큰낭아초 120
자귀나무 121
마가목 122
쉬땅나무 123
붉나무 124
개옻나무 125
모감주나무 126
외대으아리 127
마로니에 128
칠엽수 128
서양오엽딸기 129

풀(초본) 쌍떡잎식물

감국 130
산국 130
개망초 131
봄망초 131
망초 132
개쑥부쟁이 133
쑥부쟁이 133
미국쑥부쟁이 134
벌개미취 135
구절초 136
뚱딴지 137
해바라기 137
원추천인국 138
큰금계국 139
노랑코스모스 140
코스모스 140
금불초 141
버들금불초 141
미역취 142
도깨비바늘 143
털도깨비바늘 143
털별꽃아재비 144

솜나물 145
한련초 146
비짜루국화 147
큰비짜루국화 147
사데풀 148
방가지똥 149
큰방가지똥 149
흰민들레 150
민들레 151
서양민들레 151
벌씀바귀 152
노랑선씀바귀 153
선씀바귀 153
씀바귀 153
고들빼기 154
이고들빼기 154
가는잎왕고들빼기 155
왕고들빼기 155
가시상추 156
뽀리뱅이 157
개쑥갓 158
붉은서나물 159
주홍서나물 159
엉겅퀴 160
지느러미엉겅퀴 160

큰엉겅퀴 161
지칭개 162
조뱅이 163
큰조뱅이 163
단풍잎돼지풀 164
돼지풀 165
넓은잎외잎쑥 166
맑은대쑥 166
제비쑥 166
뺑쑥 167
쑥 167
미국가막사리 168
골등골나물 169
등골나물 169
서양등골나물 169
도꼬마리 170
큰도꼬마리 170
중대가리풀 171
고깔제비꽃 172
서울제비꽃 173
제비꽃 173
흰젖제비꽃 174
흰제비꽃 174
남산제비꽃 175
알록제비꽃 176

종지나물 177
졸방제비꽃 178
콩제비꽃 178
노랑제비꽃 179
세잎양지꽃 180
양지꽃 180
뱀딸기 181
개소시랑개비 182
딱지꽃 183
짚신나물 184
오이풀 185
고삼 186
비수리 187
호비수리 187
둥근매듭풀 188
매듭풀 188
자귀풀 189

차풀 189
전동싸리 190
벌노랑이 191
서양벌노랑이 191
잔개자리 192
자주개자리 193
붉은토끼풀 194
선토끼풀 195
토끼풀 195
개별꽃 196
큰개별꽃 196
별꽃 197
쇠별꽃 197
벼룩나물 198
벼룩이자리 198
유럽점나도나물 199
점나도나물 199
끈끈이대나물 200
장구채 201

갓 202
유채 202
개갓냉이 203
속속이풀 203
나도냉이 204
꽃다지 205
재쑥 206
냉이 207
좁쌀냉이 208
황새냉이 208
미나리냉이 209
콩다닥냉이 210
말냉이 211
장대나물 212
며느리밑씻개 213
며느리배꼽 213
고마리 214
미꾸리낚시 215
마디풀 216
수영 217
애기수영 217
돌소리쟁이 218
소리쟁이 219
참소리쟁이 219
명아자여뀌 220

털여뀌 220
개여뀌 221
흰여뀌 221
광대나물 222
꿀풀 223
조개나물 224
배초향 225
산박하 226
익모초 227
배암차즈기 228
들깨풀 229
쥐깨풀 229
달맞이꽃 230
큰달맞이꽃 230
미나리아재비 231
괭이밥 232
선괭이밥 232
어저귀 233
기린초 234
돌나물 235
고추나물 236
물레나물 237
매미꽃 238
피나물 238
애기똥풀 239

쇠비름 240
마타리 241
산괴불주머니 242
염주괴불주머니 242
갈퀴꼭두서니 243
갈퀴덩굴 243
초롱꽃 244
봄맞이 245
파리풀 246
노루발 247
까마중 248
미국자리공 249
자리공 249
뚝갈 250
까치수염 251

큰까치수염 251
주름잎 252
이질풀 253
쥐손이풀 253
족도리풀 254
금낭화 255
물봉선 256
쥐꼬리망초 257
부처꽃 258
털부처꽃 258
꽃며느리밥풀 259
할미꽃 260
애기풀 261
현호색 262
선개불알풀 263

큰개불알풀 263
도라지 264
층층잔대 265
꽃마리 266
꽃받이 266
땅빈대 267
애기땅빈대 267
큰땅빈대 267
피마자 268
깨풀 269
쇠무릎 270
명아주 271
좀명아주 271
흰명아주 271
질경이 272
창질경이 272
개모시풀 273
왜모시풀 273
모시물통이 274
가는털비름 275
개비름 275
털비름 275

풀(초본) 외떡잎식물

은방울꽃 276
둥굴레 277
용둥굴레 277
애기나리 278
큰애기나리 278
선밀나물 279
방울비짜루 280
비짜루 280
옥잠화 281
비비추 282
개맥문동 283
맥문동 283
무릇 284
왕원추리 285
원추리 285
참나리 286
산부추 287
달래 288
산달래 288
각시붓꽃 289
붓꽃 289
꽃창포 290
노랑꽃창포 290
닭의장풀 291
자주닭개비 292
앉은부채 293
둥근잎천남성 294
점박이천남성 294
반하 295
뚝새풀 296
갈대 297
억새 297
달뿌리풀 298
강아지풀 299
금강아지풀 299
수크령 300
바랭이 301
왕바랭이 301
큰기름새 302
개솔새 303
솔새 303
오리새 304
참새피 305
개피 306
나도개피 306
개밀 307
속털개밀 307
참새귀리 308
털빕새귀리 308
돌피 309
물피 309
미국개기장 310
김의털 311
큰김의털 311
띠 312
조개풀 313
주름조개풀 313
잔디 314
가는잎그늘사초 315
그늘사초 315
괭이사초 316
산괭이사초 316
금방동사니 317
방동사니 317
방동사니대가리 318
파대가리 318
골풀 319
꿩의밥 320
부들 321
애기부들 321

덩굴식물 감는 줄기

미국실새삼 322
메꽃 323
애기메꽃 323
둥근잎유홍초 324
둥근잎미국나팔꽃 325
미국나팔꽃 325
나팔꽃 326
둥근잎나팔꽃 326
나도닭의덩굴 327
닭의덩굴 327
큰닭의덩굴 327
댕댕이덩굴 328
새모래덩굴 329

노박덩굴 330
다래 331
마 332
박주가리 333
환삼덩굴 334
인동덩굴 335
칡 336
새팥 337
좀돌팥 337
돌콩 338
새콩 338
사위질빵 339
큰꽃으아리 340
으아리 341
등 342
흰등 342
으름덩굴 343

덩굴식물 덩굴손 또는 붙임 줄기

개머루 344
새머루 344
청가시덩굴 345
청미래덩굴 346
밀나물 347
호박 348
살갈퀴 349
새완두 350
얼치기완두 350
담쟁이덩굴 351
미국담쟁이덩굴 351
능소화 352

나무(목본)

1 | 은행나무 | 은행나무과

- **기본 식별 특징**: 낙엽침엽수(교목), 단지, 부채꼴 잎, 차상맥, 노란색 단풍
- 잎 모양이 활엽수와 비슷하지만 겉씨식물이기 때문에 침엽수의 범주에 포함(보통 겉씨식물을 침엽수라 부름). 종자(외종피)에서 악취가 남

미성숙 종자

잎은 부채꼴이며, 잎맥은 2갈래씩 갈라져 잎 가장자리까지 이어지는 차상맥

암그루의 배주(밑씨)는 보통 1개(또는 2개)가 종자로 발달

단지 끝에 달리는 잎은 총생한 것처럼 보임

단지 발달

성숙한 종자
(2개 형)

열매 모양 성숙한 종자
(외종피에서 고약한 냄새가 남)

수그루의 포자수

노란색 단풍

2 | 낙우송, 메타세콰이아 | 낙우송과

- **기본 식별 특징**: 낙엽침엽수(교목), 곧은 수형, 세로로 얇게 벗겨지는 수피
- 낙우송은 주로 습한 곳에 식재하고 남쪽 지역으로 갈수록 더 많이 보임. 메타세콰이아는 가로수나 공원수로 많이 식재하기 때문에 주변에 흔함. 낙엽 질 때 가지와 잎이 함께 떨어지기 때문에 우상복엽으로 착각하기 쉬움

낙엽 질 때 이 부분이 탈락

구과는 타원형

침엽 1개
잎의 배열이 대생

수구화수

잎의 배열이 호생

몸통줄기가 곧게 자라며, 수피가 세로로 얇게 벗겨짐

3 | 일본잎갈나무 | 소나무과

- **기본 식별 특징**: 낙엽침엽수(교목), 단지, 잎이 총생, 노란색 단풍
- 산지에 조림수로 식재

단지

잎은 단지 끝에서 20~30개씩 모여 남

오래된 수피가 비늘처럼 떨어짐

수구화수

구과는 난형(실편 30~40개)

4 | 개잎갈나무 | 소나무과

- **기본 식별 특징**: 상록침엽수(교목), 짧은 침엽, 가지 끝이 처짐
- 주로 중부 이남에 가로수나 공원수로 식재. 구화수가 늦가을(10~11월경)에 달림

5 | 소나무 | 소나무과

- **기본 식별 특징**: 상록침엽수(교목), 2속생, 적갈색 수피와 인편
- 산지에 흔히 자생하며, 군락으로 분포하기도 함. 공원수나 정원수로도 식재

6 | **곰솔** | 소나무과

- **기본 식별 특징**: 상록침엽수(교목), 2속생, 회갈색 수피와 흰색 인편
- 바닷가나 섬 지역에서는 군락이 발달하며, 주변에서는 공원수나 정원수로 식재

인편은 흰색

침엽은 2속생하며, 소나무에 비해 길고 단단함

암구화수

종자

구과는 전년도 가지에 달리며 난형

수구화수

수피는 회갈색

7 | 리기다소나무 | 소나무과

- **기본 식별 특징**: 상록침엽수(교목), 3속생, 몸통줄기에 바로 달리는 잎, 솔방울에 가시 모양 돌기
- 산지 조림지에서는 군락이 발달

8 | **섬잣나무** | 소나무과

- **기본 식별 특징**: 상록침엽수(교목), 5속생, 짧은 잎, 흰색 숨구멍줄
- 주변에서 흔히 보이는 종은 관상수로 도입한 품종

잣나무에 비해 잎이 짧음

잎 뒷면에 숨구멍줄이 발달해 흰빛 강함

구과는 장난형

침엽은 5속생

9 | 잣나무 | 소나무과

- **기본 식별 특징**: 상록침엽수(교목), 5속생, 흰색 숨구멍줄, 비늘처럼 벗겨지는 수피
- 자생지는 제한적이며, 잣을 수확하기 위해 재배하거나 공원수로 식재

잎이 매우 무성하며, 뒷면에 흰빛이 강함

구과는 장난형

침엽은 5속생

종자(잣)

수피는 약간 적갈색이 돌며, 얇게 비늘처럼 벗겨짐

수구화수

10 | 스트로브잣나무 | 소나무과

- **기본 식별 특징**: 상록침엽수(교목), 5속생, 잣나무에 비해 가늘고 부드러운 잎, 매끈한 수피, 구과는 원기둥형이며, 아래로 늘어짐
- 공원수나 정원수로 흔히 식재

구과는 원기둥형이며, 아래로 길게 늘어짐

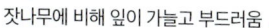

잣나무에 비해 잎이 가늘고 부드러움

침엽은 5속생

잣나무에 비해 수피가 매끈함

11 | 전나무 | 소나무과

- **기본 식별 특징**: 상록침엽수(교목), 잎은 짧은 선형, 잎 끝이 뾰족, 수평으로 벋은 가지
- 높은 산지에 자생하며, 공원수나 정원수로도 식재

새로 나오는 줄기와 잎

나선상으로 배열된 잎

가지가 수평으로 벋어나감

수피가 거침

침엽은 끝이 뾰족하며, 주목에 비해 좁고 길쭉함

주목 잎

12 | **주목** | 주목과

- **기본 식별 특징**: 상록침엽수(교목), 적갈색 수피, 붉은색 열매처럼 생긴 가종피
- 고산 지역에 자생하며, 공원수나 정원수로도 식재

잎 뒷면은 연한 녹색

잎은 나선상 배열이지만 가지에서는 우상(깃털 배열)으로 달리기도 함

수구화수

당해년도 잎   전년도 잎

잎은 전나무에 비해 폭이 넓고 짧음

종자

가종피(종의). 붉은색 열매처럼 생겼지만 종자의 일부이며, 육질은 컵 모양이고 속에 종자가 박혀 있음

13 | 노간주나무 | 측백나무과

- **기본 식별 특징**: 상록침엽수(소교목), 잎은 3윤생
- 산지에서 흔히 자생하며, 주로 관목 형태가 많음

구과는 구형이며 분백색을 띰   침엽은 3윤생   주변에서 보이는 수형은 주로 관목 형태

14 | 향나무 | 측백나무과

- **기본 식별 특징**: 상록침엽수(교목), 짧은 침엽과 비늘잎, 세로로 얇게 벗겨지는 수피
- 자생지가 제한적이며, 주변에서는 다양한 품종이 조경수로 식재

품종에 따라 잎이 모두
비늘잎인 종류도 있음

주변에서는 주로 식재종이
많으며, 수형이 다양함

구과는 분백색을 띠며, 돌기가 몇 개 있음

잎은 침엽과 비늘잎이 혼재

15 | 서양측백나무, 측백나무 | 측백나무과

- **기본 식별 특징**: 상록침엽수(교목), 비늘잎, 잎 뒷면에 숨구멍줄이 없음
- 자생지가 제한적이며, 흔히 공원수나 정원수로 식재

암구화수

종자

구과에 갈고리 모양 돌기가 있음

구과에 돌기가 없음

양쪽 비늘잎의 끝이 뾰족해
서양측백나무에 비해 거친 느낌

비늘잎의 층이 거의 원형.
측백나무에 비해 부드러운 느낌

16 | 편백, 화백 | 측백나무과

- **기본 식별 특징**: 상록침엽수(교목), 비늘잎, 잎 뒷면에 흰색 숨구멍줄
- 흔히 공원수로 식재하며, 남부 지역에 더 흔함

잎 뒷면에 'Y'자형 숨구멍줄이 발달

잎 뒷면에 'X'자형 또는 나비 모양 숨구멍줄이 발달

구과(실편 8~10개)는 거의 구형

구과(실편 10~12개)는 거의 구형, 편백에 비해 작음

수구화수

17 | 감나무, 고욤나무 | 감나무과

- **기본 식별 특징**: 낙엽활엽수(교목), 단엽, 호생, 논바닥처럼 갈라지는 수피, 종 모양 화관, 늦봄 개화(5~6월)
- 감나무가 고욤나무에 비해 어린 가지에 털이 많고 열매가 큼

잎은 두껍고 광택

수꽃은 1~3개가 모여남

수꽃 1개

어린 가지에 갈색 털 밀생

화관 끝이 4갈래로 갈라지며, 뒤로 젖혀짐

수꽃은 보통 3~5개씩 자루 끝에 모여 달림

수피는 잘게 조각으로 갈라짐

18 | **노각나무** | 차나무과

- **기본 식별 특징**: 낙엽활엽수(교목), 단엽, 호생, 얼룩무늬 수피, 많은 수술, 열매 5각형, 여름 개화(6~8월)
- 자생지는 제한적(주로 남부)이지만, 조경수로 식재되어 주변에서는 비교적 흔함

얇은 조각 모양으로 떨어져 수피가 얼룩무늬형

꽃잎은 5~6장

암술대는 5갈래

수술은 다수

열매는 5갈래로 갈라지며, 끝이 길게 뾰족함

잎 가장자리에 물결 모양인 얕은 톱니

19 | 때죽나무 | 때죽나무과

- **기본 식별 특징**: 낙엽활엽수(교목), 단엽, 호생, 매끈한 수피, 아래를 향해 피는 꽃, 늦봄 개화(5~6월)
- 산지에서는 비교적 흔하며, 드문드문 분포

20 | 쪽동백나무 | 때죽나무과

- **기본 식별 특징**: 낙엽활엽수(교목), 단엽, 호생, 매끈한 수피, 원형으로 큰 잎, 종이처럼 얇게 벗겨지는 껍질, 늦봄 개화(5~6월)
- 산지에 비교적 흔하며, 드문드문 분포

잎은 원형이며, 주로 상반부에 얕은 톱니

잎자루 기부가 부풀음

소지는 자주색이며, 껍질이 얇게 벗겨짐

화관은 5갈래로 깊게 갈라짐

수술 10개, 암술 1개

수피가 매끈함

열매는 구형

꽃은 가지 끝 총상꽃차례에 달림

21 | 목련, 백목련 | 목련과

- **기본 식별 특징**: 낙엽활엽수(교목), 단엽, 호생, 흰색 화피, 꽃이 먼저 핌, 초봄 개화 (3~4월)
- 공원이나 정원에 관상수로 식재. 목련은 백목련에 비해 화피 수가 적고 활짝 펼쳐짐

22 | 자목련, 자주목련 | 목련과

- **기본 식별 특징**: 낙엽활엽수(교목), 단엽, 호생, 자주색 화피, 꽃이 먼저 핌, 초봄 개화 (3~4월)
- 공원이나 정원에 관상수로 식재하며, 자주목련이 더 흔히 보임

잎보다 꽃이 먼저 핌

화피 바깥쪽은 자주색　　화피 안쪽은 흰색

화피 안쪽과 바깥쪽이 모두 자주색

23 | 일본목련 | 목련과

- **기본 식별 특징**: 낙엽활엽수(교목), 단엽, 호생, 목련 종류 중에서 가장 큰 잎, 흰색 화피, 잎이 먼저 나옴, 늦봄 개화(5~6월)
- 공원이나 정원에 관상수로 식재. 근래에는 도심 주변 산지에서 야생상의 어린 개체들이 자주 보임

겨울눈이 길고 매끈함

암술 다수

수술이 달린 흔적

수술 다수

외화피(3장)는 꽃받침 모양

내화피(6~9장)는 꽃잎 모양

잎은 대형이고 긴 도란형이며, 가지 끝에 모여 돌려나는 것처럼 보임

외종피는 주황색

24 | 함박꽃나무 | 목련과

- **기본 식별 특징**: 낙엽활엽수(소교목), 단엽, 호생, 흰색 화피, 잎이 먼저 나옴, 늦봄 개화(5~6월)
- 산지 계곡 주변에 자생하며, 꽃이 옆이나 아래를 향해 핌

잎은 도란상 타원형이며, 가장자리는 밋밋함

잎이 자란 뒤에 꽃이 핌

암술 다수 수술 다수

외종피는 주황색 열매

화피(9~12장) 중 바깥쪽 3장은 꽃받침 모양(소형)이고 안쪽(6~9장)은 꽃잎 모양

25 | 튜울립나무 | 목련과

- **기본 식별 특징**: 낙엽활엽수(교목), 단엽, 호생, 'V'자 모양으로 파인 잎, 그물 모양 수피, 컵 모양 꽃과 열매, 늦봄 개화(5~6월)
- 가로수나 공원수로 흔히 식재

수피가 세로로 그물처럼 갈라짐

열매는 시과가 모여 술잔처럼 벌어짐

외화피 3장은 꽃받침 모양

내화피 6장은 꽃잎 모양이며, 주황색 무늬

끝이 얕은 'V'자형으로 넓게 파임

26 | **팥배나무** | 장미과

- **기본 식별 특징**: 낙엽활엽수(교목), 단엽, 호생, 매끈한 수피, 마름모꼴 피목, 뚜렷한 측맥, 불규칙한 겹톱니, 봄 개화(4~6월)
- 주변의 산지에 흔하며, 드문드문 분포

측맥이 뚜렷함   불규칙한 겹톱니   수술은 보통 20개   꽃잎 5장

소지는 자주색이며, 흰색 피목이 뚜렷함

수피에 마름모꼴 피목

열매는 붉은색으로 익음

27 | 벚나무, 잔털벚나무 | 장미과

- **기본 식별 특징**: 낙엽활엽수(교목), 단엽, 호생, 입술 모양 피목, 잎과 꽃이 같이 나옴, 봄 개화(4~5월)
- 주변 산지에서 흔히 보이나, 잔털벚나무가 더 많이 보임

꽃이 2~3개씩 달림

잎자루와 꽃자루에 털 밀생

꿀샘

꽃잎 5장

잎과 꽃이 같이 나옴

잎은 타원상 도란형이며, 가장자리에 예리한 톱니

열매는 검게 익음

잎자루와 꽃자루에 털이 없음

28 | **왕벚나무** | 장미과

- **기본 식별 특징**: 낙엽활엽수(교목), 단엽, 호생, 입술 모양 피목, 꽃이 먼저 핌, 초봄 개화(3~4월)
- 자생지는 제한적이지만, 주변에서는 가로수로 식재되어 흔함

29 | 산사나무 | 장미과

- **기본 식별 특징**: 낙엽활엽수(소교목), 단엽, 호생, 잎에 결각과 불규칙한 톱니, 줄기에 굵은 가시, 늦봄 개화(5~6월)
- 산지에 자생하며, 공원의 관상수로도 흔히 식재

잎이 3~5쌍으로 갈라지며, 불규칙한 톱니

가시

탁엽

열매는 구형이며, 붉은색

꽃받침 5개

수술 20개

꽃잎 5장   암술대 3~5개

꽃은 산방꽃차례에 달림

30 | 모과나무 | 장미과

- **기본 식별 특징**: 낙엽활엽수(교목), 단엽, 호생, 얼룩무늬 수피, 가죽질 잎, 황색 열매, 봄 개화(4~5월)
- 과수용이나 공원에 관상수로 흔히 식재

잎의 질감은 가죽질   예리한 잔 톱니 발달   수피가 조각판처럼 떨어져 나가 적갈색 얼룩무늬

암술(암술대 3~5개)이 긴 꽃

수술(다수)이 긴 꽃

열매는 타원형이며, 황색으로 익음

31 | 매실나무, 살구나무 | 장미과

- **기본 식별 특징**: 낙엽활엽수(소교목), 단엽, 호생, 갈라지는 수피, 꽃이 먼저 핌, 적자색 꽃받침, 초봄 개화(3~4월)
- 과수용으로 재배하거나 공원에 관상수로 흔히 식재. 매실나무는 남부 지역에서 2월에도 개화

32 | 복사나무 | 장미과

- **기본 식별 특징**: 낙엽활엽수(소교목), 단엽, 호생, 분홍색 꽃, 꽃이 먼저 핌, 늦봄 개화(4~5월)
- 과수용으로 재배하며, 야생상의 개체도 흔히 보임. 소지는 햇빛이 닿는 쪽은 자주색, 반대쪽은 초록색을 띠는 경우가 많음

잎은 도피침형이고 끝이 꼬리처럼 길어짐

꽃은 분홍색이며, 자루가 짧아 줄기에 바로 붙은 것처럼 보임

수피는 매끈한 편

꽃받침 표면에 털 밀생

암술(1개)이 수술보다 약간 길쭉함

수술은 다수이며, 수술대가 분홍색

열매는 구형이며, 표면에 털이 많음

33 | 배나무, 콩배나무 | 장미과

- **기본 식별 특징**: 낙엽활엽수(소교목), 단엽, 호생, 단지, 난형 잎, 꽃과 잎이 동시에 나옴, 봄 개화(4~5월)
- 배나무를 과수용으로 재배하며, 품종 다양. 콩배나무는 자생종이며 산지에서 드물게 보임

잎은 난형이며, 가장자리에 뾰족한 잔 톱니

잎과 꽃이 단지 끝에 모여남

단지

꽃받침조각 5개

잎, 꽃, 열매 등 모든 면에서 배나무에 비해 소형

수술 다수   암술대 5개   꽃잎 5장

열매는 구형이며, 황갈색으로 익음

34 | 대추나무 | 갈매나무과

- **기본 식별 특징**: 낙엽활엽수(교목), 단엽, 호생, 잎에 광택, 3출맥, 열매에 광택, 초여름 개화(6~7월)
- 과수용으로 재배하거나 관상수로 식재

잎은 난형이며, 광택이 나고 가장자리에 둔한 톱니

꽃은 엽액에 달림

뚜렷한 잎맥 3개 발달

암술대 2갈래

꽃받침 5개

꽃잎(5장)은 꽃받침에 비해 크기가 매우 작음

수술 5개

열매는 적갈색으로 익으며, 표면에 광택

35 | **층층나무** | 층층나무과

- **기본 식별 특징**: 낙엽활엽수(교목), 단엽, 호생, 가지가 윤생해 몇 층을 이룸, 뚜렷한 측맥, 늦봄 개화(5~6월)
- 산지에 자생하며, 공원이나 정원에 관상수로도 식재

가지의 끝이 모두 하늘을 향함   굵은 가지가 수평으로 벋으며, 몇 층을 이룸   잎은 가지 끝에 모여남

수피가 세로로 얇게 그물처럼 갈라짐   측맥 6~9쌍 발달

수술 4개
암술대 1개
꽃잎 4장

소지는 자주색

열매는 구형이며, 검은색으로 익음

모든 꽃이 하늘을 향해 핌

꽃은 겹산방꽃차례에 달림

36 | 음나무 | 두릅나무과

- **기본 식별 특징**: 낙엽활엽수(교목), 단엽, 호생, 줄기에 가시 밀생, 여름 개화(7~8월)
- 산지에서도 보이지만 섬 지역에 흔히 자생하며, 민가에서 식재하기도 함

37 | 느티나무 | 느릅나무과

- **기본 식별 특징**: 낙엽활엽수(교목), 단엽, 호생, 붉은색 피목, 봄 개화(4~5월)
- 산지 계곡에 자생. 마을에서는 정자목이나 노거수 등 수령이 오래된 거목이 많으며, 공원수나 가로수로도 식재

측맥 9~15쌍 발달   약간 안으로 굽은 규칙적인 톱니

수꽃

열매는 약간 납작하고 굽은 모양

노거수가 많음

붉은색 피목이 밀생하며, 가로로 배열

38 | 느릅나무, 참느릅나무 | 느릅나무과

- **기본 식별 특징**: 낙엽활엽수(교목), 단엽, 호생, 거친 잎, 뚜렷한 측맥, 느릅나무는 봄 개화(4월), 참느릅나무는 가을 개화(9~10월)
- 계곡이나 하천변 등 물가에 자생하지만, 공원에도 식재

수피가 세로로 거칠게 갈라짐

수피는 작은 조각으로 떨어짐

가지에 코르크층이 발달하기도 함

느릅나무 — 열매에 자루가 없음

참느릅나무 — 열매에 자루가 있음

느릅나무 — 열매는 5~6월에 성숙

참느릅나무 — 열매는 10~11월에 성숙

느릅나무 — 잎이 크며, 예리한 톱니

참느릅나무 — 잎이 작으며, 둔한 톱니

39 | 팽나무 | 느릅나무과

- **기본 식별 특징**: 낙엽활엽수(교목), 단엽, 호생, 매끈한 수피, 좌우 비대칭 잎, 봄 개화 (4~5월)
- 남부 지역이나 섬 지역에 더 흔함. 마을의 정자목이나 노거수 등 수령이 오래된 거목이 많음

40 | 시무나무 | 느릅나무과

- **기본 식별 특징**: 낙엽활엽수(교목), 단엽, 호생, 굵고 둔한 톱니, 가시 발달, 봄 개화 (4~5월)
- 숲 가장자리나 하천변에 자생

잎은 타원형이며, 크기가 작음

가시가 크게 발달

꽃은 엽액에 모여 달림

수피는 암갈색이며, 세로로 불규칙하게 갈라짐

굵은 톱니와 함께 측맥이 뚜렷함

41 | 갈참나무 | 참나무과

- **기본 식별 특징**: 낙엽활엽수(교목), 단엽, 호생, 도란형 잎, 물결 모양 톱니, 긴 잎자루, 봄 개화(4~5월)
- 산지에 흔히 자라며, 군락을 이루기도 함

잎은 도란형이며, 톱니가 물결 모양
수피는 흑갈색이며, 세로로 갈라짐
소지의 표면이 매끈함
잎 뒷면은 회백색
긴 잎자루
각두의 인편이 짧음
열매는 장타원형
수꽃차례

42 | 졸참나무 | 참나무과

- **기본 식별 특징**: 낙엽활엽수(교목), 단엽, 호생, 도란형 잎, 뾰족한 톱니, 긴 잎자루, 봄 개화(4~5월)
- 산지에 흔히 자라며, 군락을 이루기도 함. 주변에서 흔히 보이는 낙엽성 도토리나무 중에서 잎이 가장 작지만 나무는 크게 자람

잎 뒷면은 회녹색
잎은 도란형이며, 크기가 작음
톱니가 날카로움 긴 잎자루
열매는 난상 타원형이며, 크기가 작음
수꽃차례
수피가 세로로 갈라짐
각두의 인편이 매우 짧음

43 | 신갈나무 | 참나무과

- **기본 식별 특징**: 낙엽활엽수(교목), 단엽, 호생, 도란형 잎, 물결 모양 톱니, 잎 기부가 귓불 모양, 봄 개화(4~5월)
- 주로 산지의 능선부에서 군락을 이루며, 흔히 밑에서 여러 줄기가 올라감

흔히 밑에서 여러 줄기가 올라감

수꽃차례

암꽃차례

잎은 흔히 가지 끝에서 모여 방사상으로 퍼짐
잎자루가 짧아서 잘 보이지 않으며, 잎 기부는 귓불 모양

소지 표면이 매끈함

잎은 도란형이며, 톱니가 물결 모양
잎 뒷면에 털이 없음

각두의 인편은 졸참나무나 갈참나무에 비해 크고 돌출
열매는 윗부분이 납작

44 | 떡갈나무 | 참나무과

- **기본 식별 특징**: 낙엽활엽수(교목), 단엽, 호생, 도란형 잎, 물결 모양 톱니, 잎 기부가 귓불 모양, 소지와 잎 뒷면에 갈색 털 밀생, 봄 개화(4~5월)
- 산지 아래쪽에 흔하며, 잎 크기에 비해 나무 크기가 작음

45 | 대왕참나무 | 참나무과

- **기본 식별 특징**: 낙엽활엽수(교목), 단엽, 호생, 잎에 깊은 결각, 매끈한 수피, 붉은색 단풍, 봄 개화(4~5월)
- 'pin oak'로 불리며, 공원수로 식재해 주변에 흔함

수피는 매끈하며, 세로로 얕게 갈라짐

잎은 도란형이며, 몇 갈래로 깊이 파임

열매는 납작하며, 호빵 모양

매우 긴 잎자루

양면에 털이 없으며, 광택

각두는 짧으며 돌출되지 않음

46 | 밤나무 | 참나무과

- **기본 식별 특징**: 낙엽활엽수(교목), 단엽, 호생, 매끈한 수피, 장타원형 잎, 침상 톱니, 충영(벌레혹), 늦봄 개화(5~6월)
- 과수용으로 재배하며, 산지에서는 야생상의 개체도 흔히 보임

47 | **상수리나무** | 참나무과

- **기본 식별 특징**: 낙엽활엽수(교목), 단엽, 호생, 그물 모양 수피, 장타원형 잎, 침상 톱니, 봄 개화(4~5월)
- 낮은 산지에서 흔히 군락을 이룸

수꽃차례
수피는 그물 모양으로 얕게 갈라짐
각두의 인편이 길쭉함
열매는 난상 구형
침처럼 발달하는 톱니
잎 뒷면에 털이 없고 흔히 광택을 띰
긴 잎자루
잎은 장타원형

48 | 굴참나무 | 참나무과

- **기본 식별 특징**: 낙엽활엽수(교목), 단엽, 호생, 수피에 깊은 코르크 발달, 장타원형 잎, 침상 톱니, 잎 뒷면에 회백색 털 밀생, 봄 개화(4~5월)
- 낮은 산지에서 흔히 군락을 이루기도 하며, 잎 뒷면을 만져 보면 우단 같은 느낌

49 | 물오리나무 | 자작나무과

- **기본 식별 특징**: 낙엽활엽수(교목), 단엽, 호생, 원형 잎, 불규칙한 겹톱니, 꽃(이삭)이 먼저 핌, 초봄 개화(3~4월)
- 이름과 달리 산지에 흔히 자라며, 줄기에 사람 눈 같은 모양(선)이 생기는 경우가 많음

50 | 사방오리 | 자작나무과

- **기본 식별 특징**: 낙엽활엽수(교목), 단엽, 호생, 불규칙하게 떨어져 나가는 수피, 난형 잎, 뚜렷한 측맥, 꽃(이삭)이 먼저 핌, 초봄 개화(3~4월)
- 산지에 사방용으로 식재하지만 남부 지역의 섬에서도 흔히 보임

51 | 물박달나무 | 자작나무과

- **기본 식별 특징**: 낙엽활엽수(교목), 단엽, 호생, 줄기 전체에 얇고 불규칙하게 벗겨지는 회색 수피, 봄 개화(4~5월)
- 산지에 자생하며, 드문드문 분포

52 | **자작나무** | 자작나무과

- **기본 식별 특징**: 낙엽활엽수(교목), 단엽, 호생, 가로로 얇게 벗겨지는 흰색 수피, 봄 개화(4~5월)
- 한대성 수종으로 자생지가 제한적이지만, 주변에서는 공원수나 가로수로도 식재

53 | 서어나무 | 자작나무과

- **기본 식별 특징**: 낙엽활엽수(교목), 단엽, 호생, 몸통줄기가 근육질 느낌이며 수피가 매끈함, 봄 개화(4~5월)
- 산지에 비교적 흔하게 자생하며, 군락을 이루기도 함

잎은 난형 끝이 꼬리처럼 길어짐 불규칙한 겹톱니

포엽에 톱니 발달

열매이삭은 아래로 늘어짐

근육질 같은 몸통줄기

54 | 뽕나무, 산뽕나무 | 뽕나무과

- **기본 식별 특징**: 낙엽활엽수(소교목), 단엽, 호생, 잎에 광택이 나며 결각이 생기기도 함, 봄 개화(5월)
- 열매를 '오디'라고 부름, 산뽕나무는 산지에 비교적 흔히 분포하며, 뽕나무는 재배하거나 야생상의 개체가 보임

주변에서는 소교목 형태가 흔함

뽕나무 — 잎 끝이 꼬리처럼 길어지지 않음

산뽕나무 — 결각이 생기기도 함, 잎 끝이 꼬리처럼 길어짐

산뽕나무 수꽃차례

뽕나무 — 암술대가 떨어져 나가 열매에 돌기가 거의 없음

산뽕나무 — 암술대가 길며, 머리가 2갈래

55 | 양버즘나무 | 버즘나무과

- **기본 식별 특징**: 낙엽활엽수(교목), 단엽, 호생, 얼룩무늬 수피, 공 모양 꽃차례와 열매, 봄 개화(4~5월)
- 흔히 '플라타너스'라고 부르며, 가로수나 공원수로 식재

열매(수과) 1개는 길쭉한 모양

수피 조각이 떨어져 얼룩무늬가 생김

공 모양 두상꽃차례가 1~2개(주로 1개) 달림

잎은 삼각상 난형이며, 3~5갈래로 얕게 갈라짐

두상꽃차례(암꽃). 암술머리 붉은색

56 | 은사시나무 | 버드나무과

- **기본 식별 특징**: 낙엽활엽수(교목), 단엽, 호생, 회백색 수피, 마름모꼴 피목, 잎 뒷면에 흰색 털 밀생, 봄 개화(4월)
- 조림수종이지만 자연적으로 퍼져 나가 전국 곳곳에서 보임

57 | 버드나무, 수양버들 | 버드나무과

- **기본 식별 특징**: 낙엽활엽수(교목), 단엽, 호생, 피침형 잎, 초봄 개화(3~4월)
- 버드나무는 주로 하천 둔치의 우점수종이며, 수양버들은 가지가 길게 늘어남. 수양버들에 비해 수꽃과 암꽃에 털이 밀생하는 능수버들을 수양버들의 개체변이로 보기도 함

수양버들 / 수양버들 — 열매이삭, 수꽃차례

버드나무 — 열매이삭

버드나무 — 수꽃차례

58 | 갯버들 | 버드나무과

- **기본 식별 특징**: 낙엽활엽수(관목), 단엽, 호생, 장타원형 잎, 잎 뒷면에 회백색 털 밀생, 초봄 개화(3~4월)
- 주로 하천변에서 흔히 보이며, 꽃차례를 '버들강아지'라고도 부름

꽃밥이 붉은색

뒷면과 잎자루에 털이 밀생하는 경우가 많음

수꽃차례

잔 톱니

암꽃차례, 털이 많으며, 암술머리는 2갈래

탁엽

흔히 저지대 하천에 자라며, 전체적으로 털이 많음

59 | 생강나무 | 녹나무과

- **기본 식별 특징**: 낙엽활엽수(관목), 단엽, 호생, 끝이 3갈래로 갈라지는 잎, 꽃이 먼저 핌, 초봄 개화(3~4월)
- 산지에 비교적 흔히 자생하며, 소교목 형태도 보임. 이른 봄에 노란색 꽃이 잎보다 먼저 핀다는 점에서 멀리서 볼 때 산수유와 혼동하는 경우도 있으나 차이가 많음 (80번 참고)

60 | 개암나무 | 자작나무과

- **기본 식별 특징**: 낙엽활엽수(관목), 단엽, 호생, 잎 윗부분이 편평, 꽃(이삭)이 먼저 핌, 초봄 개화(3~4월)
- 산지에 비교적 흔하며, 어린잎에 자주색 반점이 나타나기도 함

61 | 광대싸리 | 대극과

- **기본 식별 특징**: 낙엽활엽수(관목), 단엽, 호생, 아래로 처지는 가지, 엽액에 모여나는 작은 꽃들, 초여름 개화(6~8월)
- 이름에 '싸리'가 들어가고, 가지도 가늘고 부드러워 콩과에 속하는 싸리와 비슷한 면도 있지만 전혀 다른 종류임. 산지의 숲가에 비교적 흔함

가장자리에 톱니는 없으며, 약간의 잔주름이 있음

잎은 도란상 타원형 또는 장타원형

수꽃차례는 엽액에 달림

수술 5개

암술대는 3갈래

열매는 엽액에 달림

62 | **철쭉** | 진달래과

- **기본 식별 특징**: 낙엽활엽수(관목), 단엽, 호생, 보통 도란형 잎 5개가 가지 끝에서 방사상으로 달림, 잎과 꽃이 같이 나옴, 분홍색 꽃, 봄 개화(4~6월)
- 주로 산지 능선부에서 많이 보임

63 | 산철쭉, 영산홍 | 진달래과

- **기본 식별 특징**: 낙엽활엽수(관목), 단엽, 호생, 잎과 꽃이 같이 나옴, 홍자색 꽃, 반상록성 개체도 있음, 봄 개화(4~5월)
- 주로 산지 계곡부에 자생하며, 주변에서는 다양한 품종이 조경수로 식재됨. 흔히 산철쭉을 '철쭉'으로 부르는 경우가 많은데, 생김새는 오히려 진달래와 비슷함

잎과 꽃이 같이 나옴

잎 모양이 진달래와 비슷하며, 잔털이 있음

잎이 산철쭉에 비해 작고 두꺼우며, 월동하는 잎이 많음

잎과 꽃이 같이 나옴

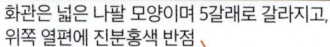

화관은 넓은 나팔 모양이며 5갈래로 갈라지고, 위쪽 열편에 진분홍색 반점

꽃은 산철쭉에 비해 크기가 작고 홍색

수술(10개)과 암술대(1개)가 위로 굽음

64 | 진달래 | 진달래과

- **기본 식별 특징**: 낙엽활엽수(관목), 단엽, 호생, 꽃이 먼저 핌, 홍자색 꽃, 잎 양 끝이 좁음, 황갈색 소지, 초봄 개화(3~4월)
- 산지에 흔하며, 군락을 이루기도 함

65 | 구기자나무 | 가지과

- **기본 식별 특징**: 낙엽활엽수(관목), 단엽, 호생, 줄기가 옆으로 휘어지듯 자람, 줄기에 가시, 붉은색 열매, 여름 개화(7~10월)
- 약재용으로 재배하며, 개활지나 하천변에서 자생하는 개체도 흔히 보임

66 | 노린재나무 | 노린재나무과

- **기본 식별 특징**: 낙엽활엽수(관목), 단엽, 호생, 가지가 수평으로 자람, 청색 열매, 봄 개화(5월)
- 산지에서 흔히 보임

잎은 타원형이며, 거칠고 가장자리에 뾰족한 잔 톱니

꽃은 가지 끝 원추꽃차례에 달림

꽃잎이 5갈래로 깊게 갈라짐

수술 다수

암술대 1개

열매는 청색

가지가 수평으로 자람

67 | 보리수나무, 뜰보리수 | 보리수나무과

- **기본 식별 특징**: 낙엽활엽수(단엽), 단엽, 호생, 잎 뒷면이 은회색, 줄기에 단단하고 긴 가시, 봄 개화(4~5월)
- 보리수나무는 산지 숲 주변과 섬 지역에서 자주 보이며, 뜰보리수는 관상수로 식재

68 | 무궁화 | 아욱과

- **기본 식별 특징**: 낙엽활엽수(관목), 단엽, 호생, 3갈래로 갈라지는 잎, 암술대에 붙은 수술, 5갈래로 벌어지는 열매, 여름 개화(7~9월)
- 전국적으로 식재하며, 품종이 다양. 주변에서 보이는 개체는 주로 관목이지만 5~6m인 소교목도 종종 보임

가장자리에 굵은 톱니

잎은 난형이며, 크게 3갈래로 갈라짐

암술머리 5갈래

수술(다수)은 암술대에 붙음

꽃잎은 5장이며, 기부가 붉은색

꽃받침조각 5개

종자는 납작한 콩팥 모양

열매는 5갈래로 벌어짐

종자 가장자리에 긴 갈색 털 밀생

69 | 앵도나무 | 장미과

- **기본 식별 특징**: 낙엽활엽수(관목), 단엽, 호생, 소지와 잎에 털 밀생, 꽃이 먼저 핌, 붉은색 구형 열매, 초봄 개화(3~4월)
- 과수용으로 재배하거나 관상수로 식재하기도 함

70 | **죽단화, 황매화** | 장미과

- **기본 식별 특징**: 낙엽활엽수(관목), 단엽, 호생, 초록색 줄기, 가지 끝에 1개씩 달리는 노란색 꽃, 봄 개화(4~5월)
- 공원이나 정원에 관상수로 흔히 식재

71 | **산딸기** | 장미과

- **기본 식별 특징**: 낙엽활엽수(관목), 단엽, 호생, 적갈색 줄기, 줄기와 잎에 가시, 3~5 갈래로 갈라지는 잎, 봄 개화(5월)
- 산지 길가에 자라며, 흔히 줄기가 여러 개 올라와 집단을 이룸

줄기는 적갈색

잎은 크게 3~5갈래로 갈라짐

줄기와 잎자루에 가시

뒷면에 털이 많음

열매는 붉은색

꽃받침조각은 5개

암술 다수

꽃잎 5장

수술 다수

72 | 꼬리조팝나무, 조팝나무 | 장미과

- **기본 식별 특징**: 낙엽활엽수(관목), 단엽, 호생, 덤불처럼 모여남, 꼬리조팝나무는 여름 개화(7~8월), 조팝나무는 봄 개화(4~5월)
- 꼬리조팝나무는 습지 주변에 자생하며, 관상수로 식재하기도 함. 조팝나무는 산지 길가나 둑길 등에 자생하며, 주변에서는 관상수로 식재된 종이 흔함

조팝나무
수술은 보통 20개
꽃잎 5장

조팝나무
봄(4~5월)에 개화하며, 꽃이 먼저 핌
꽃은 산형꽃차례에 달림

조팝나무
열매는 별 모양으로 달림

조팝나무
꽃이 줄기에 밀생해 긴 꼬리 모양을 형성

꼬리조팝나무
꽃은 원추꽃차례에 달리며, 분홍색
잎은 피침형

조팝나무
가장자리에 잔 톱니 발달
잎은 타원상 피침형

73 | 국수나무 | 장미과

- **기본 식별 특징**: 낙엽활엽수(관목), 단엽, 호생, 회갈색 줄기, 가늘고 지그재그로 벋은 가지, 덤불 형태로 자람, 늦봄 개화(5~6월)
- 산지의 계곡이나 사면에 흔하며, 줄기의 속을 빼 보면 국수처럼 나옴

잎은 삼각상 난형
끝이 꼬리처럼 길어짐
가장자리는 결각이 지고 불규칙한 겹톱니

수피는 회갈색이며, 가지가 지그재그로 자라고 흔히 덤불을 이룸

꽃은 가지 끝 원추꽃차례에 달림

꽃받침조각은 5개이며, 흰색이고 털이 있음
암술 1개
꽃잎 5장
수술 10개

열매는 구형이며, 잔털이 있음

74 | 산당화, 풀명자 | 장미과

- **기본 식별 특징**: 낙엽활엽수(관목), 단엽, 호생, 진한 홍색 꽃, 단단한 가시, 봄 개화 (4~5월)
- 공원이나 정원에 관상수로 식재

75 | 박태기나무 | 콩과

- **기본 식별 특징**: 낙엽활엽수(관목), 단엽, 호생, 하트 모양 잎, 장상맥, 꽃이 먼저 피며 뭉쳐남, 봄 개화(4월)
- 공원이나 정원에 관상수로 식재

76 | 일본매자나무 | 매자나무과

- **기본 식별 특징**: 낙엽활엽수(관목), 단엽, 호생, 줄기에 가시, 타원형 붉은색 열매, 봄 개화(4~5월)
- 공원이나 정원에 관상수로 식재

꽃은 산형꽃차례에 달리며, 아래를 향해 핌

가장자리가 밋밋함

잎은 모여남

잎은 도란형

마디에 긴 가시 발달

열매는 타원형

꽃받침 6개는 2열 배열 (3+3)

꽃잎 6장

수술 6개

암술머리(초록색)는 원반 모양

77 | 참오동나무 | 현삼과

- **기본 식별 특징**: 낙엽활엽수(교목), 단엽, 대생, 3~5각형으로 큰 잎, 종 모양 화관, 봄 개화(4~5월)
- 산지의 저지대나 개활지, 하천변에 야생상의 개체가 자람

긴 잎자루

잎은 5각상 난형이며, 잎 뒷면과 잎자루에 잔털

가지는 흔히 자주색을 띠며, 피목은 흰색

열매는 난형이며, 2갈래로 갈라지고 안에 날개가 달린 종자가 많이 들어있음

줄무늬가 없는 타입

화관은 종 모양이며, 겉에 털이 많고 5갈래로 갈라짐

꽃받침조각은 5개이며, 갈색털 밀생

아래쪽 화관 열편에 점선 줄무늬가 있으며, 열편들은 뒤로 젖혀짐

꽃은 원추꽃차례에 달림

78 | 이팝나무 | 물푸레나무과

- **기본 식별 특징**: 낙엽활엽수(교목), 단엽, 대생, 봄에 나무를 새하얗게 뒤덮는 꽃, 늦봄 개화(5월)
- 산지에 드물게 자생하지만, 도심의 공원이나 길가에서는 가로수로 식재된 개체가 흔히 보임

79 | 산딸나무 | 층층나무과

- **기본 식별 특징**: 낙엽활엽수(소교목), 단엽, 대생, 꽃잎처럼 보이는 총포조각 4개, 공처럼 모여나는 꽃, 조각으로 떨어져 나가는 수피, 늦봄 개화(5~7월)
- 산지에 드문드문 자생하며, 공원이나 정원에 관상수로도 식재

꽃이 공처럼 모여남

꽃은 모두 하늘을 향함

총포조각은 4개이며, 꽃잎 모양이고 흰색 또는 연두색   긴 꽃대

오래된 수피는 조각으로 벗겨짐

열매는 구형이며, 붉게 익음

측맥은 4~5쌍   잎 끝은 길게 뾰족

80 | 산수유 | 층층나무과

- **기본 식별 특징**: 낙엽활엽수(소교목), 단엽, 대생, 꽃이 먼저 핌, 타원형 붉은색 열매, 조각으로 떨어져 나가는 수피, 초봄 개화(3~4월)
- 약재용으로 재배하며, 공원이나 정원에 관상수로도 식재. 이른 봄에 노란색 꽃이 잎보다 먼저 핀다는 점에서 멀리서 볼 때 생강나무와 혼동하는 경우도 있지만 다른 점이 많음(59번 참고)

수술 4개, 암술1개

꽃잎은 4장이며, 뒤로 젖혀짐

꽃은 모두 하늘을 향함

긴 꽃대

꽃은 짧은 가지 위 산형꽃차례에 달림

수피는 조각으로 벗겨짐

열매는 타원형이며, 붉은색

뒷면 잎맥 사이에 갈색 털 밀생

측맥은 4~7쌍

잎 끝은 길게 뾰족

81 | 배롱나무 | 부처꽃과

- **기본 식별 특징**: 낙엽활엽수(소교목), 단엽, 대생, 얼룩무늬 수피, 꽃잎 6장, 꽃잎 아래쪽이 가늘고 길쭉함, 여름 개화(7~9월)
- 가로수나 공원에 관상수로 식재

82 | 신나무 | 단풍나무과

- **기본 식별 특징**: 낙엽활엽수(교목), 단엽, 대생, 3갈래로 갈라지는 잎, 시과, 늦봄 개화 (5~6월)
- 계곡이나 저지대 습지 주변에 자생하며, 공원에 조경수로 식재하기도 함

꽃은 황록색이며, 가지 끝 원추꽃차례에 달림

잎은 크게 3갈래로 갈라지며, 불규칙한 톱니

양성화에서 자란 열매(시과)는 각도가 90도 이하로 매우 좁음

붉은색 단풍

83 | 고로쇠나무, 중국단풍 | 단풍나무과

- **기본 식별 특징**: 낙엽활엽수(교목), 단엽, 대생, 갈라지는 잎, 시과, 봄 개화(4~5월)
- 고로쇠나무는 산지에 비교적 흔하며, 중국단풍은 가로수나 공원의 조경수로 흔히 식재

잎은 보통 5~7갈래로 갈라지며, 가장자리가 밋밋하지만 큰 톱니가 1~2개 생기기도 함

잎은 보통 3갈래로 갈라지며, 가장자리가 밋밋함

수피가 세로로 얕게 갈라짐

수피는 껍질이 벗겨져 얼룩무늬가 생김

양성화의 암술과 열매(시과)

황록색 수꽃(꽃잎 5장, 꽃받침조각 5개, 수술 8개)

84 | 단풍나무, 당단풍나무 | 단풍나무과

- **기본 식별 특징**: 낙엽활엽수(교목), 단엽, 대생, 장상엽, 붉은색 단풍, 시과, 봄 개화 (4~5월)
- 단풍나무는 주로 남부 지역에 자생하기도 하지만, 공원이나 정원에 조경수로도 식재. 당단풍나무는 산지에 비교적 흔히 자생

단풍나무
잎 끝이 꼬리처럼 길어짐
잎은 보통 5~7갈래로 갈라지며, 잎자루에 털이 없음

단풍나무
잎은 보통 7~11갈래로 갈라지며, 잎자루에 털 밀생

당단풍나무
열매에 날개 발달(시과)

당단풍나무

단풍나무
수피는 매끈함

단풍나무
꽃받침조각 5개
꽃잎 5장

당단풍나무
수술 8개
암술 1개

85 | **계수나무** | 계수나무과

- **기본 식별 특징**: 낙엽활엽수(교목), 단엽, 대생, 원형 잎, 장상맥, 꽃이 먼저 핌, 노란색 단풍, 초봄 개화(3~4월)
- 공원이나 정원에 조경수로 식재하며, 단풍이 든 잎에서 달콤한 향이 남

86 | 개나리 | 물푸레나무과

- **기본 식별 특징**: 낙엽활엽수(관목), 단엽, 대생, 잎은 2열 배열, 꽃이 먼저 핌, 4갈래로 갈라지는 노란색 통꽃, 길게 휘어져 자라는 가지, 초봄 개화(3~4월)
- 공원이나 정원에 관상수로 흔히 식재

87 | 병꽃나무, 붉은병꽃나무 | 인동과

- **기본 식별 특징**: 낙엽활엽수(관목), 단엽, 대생, 적갈색 소지와 흰색 피목, 털이 많은 잎, 깔때기 모양 꽃, 늦봄 개화(5~6월)
- 산지에 흔히 자라며, 꽃 색깔, 꽃받침이 갈라진 정도와 털의 유무에 따라 구분함

화관은 5갈래이며, 깔때기 모양이고 점차 붉게 변함

뾰족한 잔 톱니

잎 양면에 털이 많음

흰색 피목이 뚜렷함

소지는 갈색 또는 적갈색

꽃받침은 5갈래로 기부까지 깊게 갈라지며, 털 밀생

열매는 긴 원기둥형이며, 표면에 털 밀생

88 | 덜꿩나무 | 인동과

- **기본 식별 특징**: 낙엽활엽수(관목), 단엽, 대생, 잎에 털이 많음, 취산꽃차례, 구형인 붉은색 열매, 봄 개화(4~5월)
- 산지의 낮은 곳이나 섬 지역에 자생. 공원이나 정원에서도 관상수로 식재하는데 자생종에 비해 꽃과 열매가 촘촘

잎은 뾰족한 삼각상 잔 톱니

꽃은 가지 끝 취산꽃차례에 달림

열매는 구형이며, 붉은색

암술 1개

화관은 5갈래

수술 5개

잎 양면과 가지에 털 밀생

89 | 백당나무, 불두화 | 인동과

- **기본 식별 특징**: 낙엽활엽수(관목), 단엽, 대생, 3갈래로 갈라지는 잎, 양성화와 무성화로 구성된 꽃차례, 늦봄 개화(5~6월)
- 백당나무는 산지에 드문드문 자라며, 불두화는 사찰이나 공원에 관상수로 식재

90 | 쥐똥나무 | 물푸레나무과

- **기본 식별 특징**: 낙엽활엽수(관목), 단엽, 대생, 장타원형 잎, 타원형 검은색 열매, 깔때기 모양 흰색 꽃, 늦봄 개화(5~6월)
- 낮은 산지나 남부 지역의 섬 지역에 자생하며, 가로수나 울타리용으로도 흔히 식재. 꽃은 향기가 강함

잎은 장타원형이며, 가장자리는 밋밋함

꽃자루에 털 밀생

꽃은 가지 끝 총상꽃차례에 달림

열매는 넓은 타원형이며, 검은색

화관은 깔때기 모양이며, 끝이 4갈래

수술 2개, 암술(1개)은 안쪽에 위치

91 | 서양수수꽃다리, 수수꽃다리 | 물푸레나무과

- **기본 식별 특징**: 낙엽활엽수(관목), 단엽, 대생, 난형 또는 심장형 잎, 좁은 깔때기 모양 꽃, 봄 개화(4~5월)
- 공원이나 정원의 관상수로 식재하며, 꽃은 향기가 강함. 서양수수꽃다리는 흔히 '라일락'이라고 부름

화관은 4갈래로 펼쳐지며, 열편은 난형

꽃은 가지 끝 원추꽃차례에 달리며, 연한 자주색 또는 흰색

화관은 4갈래로 펼쳐지며, 열편은 넓은 난형

화관 통부는 넓고 짧음

잎은 난형에서 넓은 난형이며, 가장자리는 밋밋함

잎 끝이 뾰족

화관 통부는 좁고 길쭉함

열매는 약간 납작한 타원형이며, 2갈래로 갈라짐

92 | 누리장나무 | 마편초과

- **기본 식별 특징**: 낙엽활엽수(관목), 단엽, 대생, 남색 열매와 적자색 꽃받침, 여름 개화 (7~8월)
- 산지의 숲 주변에 드문드문 자라며, 섬 지역에서는 군락을 이루기도 함. 잎에서 다소 역한 영양제 비슷한 냄새가 남

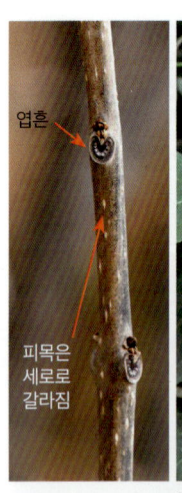

엽흔

피목은 세로로 갈라짐

긴 잎자루

잎은 삼각상 난형이며, 양면에 털이 있고 가장자리가 밋밋하거나 얕은 톱니

수술 4개

암술 1개

화관은 5갈래로 깊게 갈라짐

열매는 짙은 남색

꽃받침조각은 5개이며, 연두색에서 적자색으로 변함

잎에서 역한 냄새 (약 냄새 비슷함)가 남

꽃은 가지 끝과 엽액에서 나온 취산꽃차례에 달림

93 | 작살나무, 좀작살나무 | 마편초과

- **기본 식별 특징**: 낙엽활엽수(관목), 단엽, 대생, 구형 자주색 열매, 꼬리처럼 길어지는 잎 끝, 초여름 개화(6~8월)
- 산지에 자생하는 개체는 대부분 작살나무이며, 공원이나 정원에 관상수로 식재된 개체는 좀작살나무가 더 흔함

열매(자주색)는 좀작살나무에 비해서 성기게 달림

톱니가 주로 중간 이상에 있음

겨울눈에 인편 없이 갈색 털 밀생 / 자루

겨울눈에 인편이 있으며, 자루가 없음

잎 끝은 꼬리처럼 길어지며, 잎의 기부 근처까지 톱니가 있음

열매(자주색)는 마디마다 촘촘히 달림

수술 4개 / 암술 1개 / 화관은 끝이 4갈래

94 | 만첩빈도리, 빈도리 | 범의귀과

- **기본 식별 특징**: 낙엽활엽수(관목), 단엽, 대생, 불규칙하게 벗겨지는 수피, 원추꽃차례에 모여 달리는 흰색 꽃, 늦봄 개화(5~7월)
- 주로 공원이나 녹지에 관상수로 식재하며, 꽃잎이 여러 겹인 만첩빈도리가 더 흔히 보임. 빈도리는 '일본말발도리'라고도 부름

잎은 장난형이며, 양면에 털이 있고 가장자리에 잔 톱니

꽃받침조각은 5개이며, 털 밀생
암술대 4개

수술 10개
꽃잎 5장
암술대(3개)는 수술보다 길쭉함

수피가 불규칙하게 벗겨짐

주변에서는 공원의 식재종으로 빈도리보다 흔히 보임

꽃은 가지 끝 원추꽃차례에 달림

95 | 흰말채나무 | 층층나무과

- **기본 식별 특징**: 낙엽활엽수(관목), 단엽, 대생, 적자색 줄기, 구형 흰색 열매, 산방꽃차례, 늦봄 개화(5~6월)
- 공원이나 정원에 조경수로 식재

잎자루는 길쭉하며, 적자색

줄기는 적자색이며, 광택

수술은 흔히 4개 (간혹 6개까지 나타남)

암술대 1개

꽃잎은 흔히 4장(간혹 6장까지 나타남)

꽃은 산방꽃차례에 달림

잎 가장자리는 밋밋함

측맥은 4~5쌍

잎 뒷면은 분백색

열매는 구형이며, 흰색

96 | 화살나무 | 노박덩굴과

- **기본 식별 특징**: 낙엽활엽수(관목), 단엽, 대생, 가지에 코르크질 날개가 2~4줄 발달, 늦봄 개화(5~6월)
- 산지 숲 속에 흔히 자라며, 자생하는 개체는 날개가 없는 것이 많음. 공원이나 정원의 조경수로는 날개가 발달하는 개체를 주로 식재

잎 양면에 털이 없으며, 가장자리에 뾰족한 잔 톱니

가지에 코르크질 날개

꽃잎 4장

수술 4개

분과의 껍질

가종피는 주황색

열매는 분과(1~2개)이며, 도란형

97 | 키버들 | 버드나무과

- **기본 식별 특징**: 낙엽활엽수(관목), 단엽, 대생, 선상 피침형 잎, 뚜렷한 흰색 주맥, 초봄 개화(3~4월)
- 하천이나 저지대 습지에 자생하며, 하천 복원용으로 식재하기도 함

잎은 도피침형이며, 주맥(흰색)이 뚜렷함

상부에 잔 톱니

전체적으로 털이 없어 매끈함

98 | 좀깨잎나무 | 쐐기풀과

- **기본 식별 특징**: 낙엽활엽수(관목), 단엽, 대생, 끝이 꼬리처럼 길어지는 잎, 수상(이삭) 꽃차례, 초여름 개화(6~8월)
- 하천 주변이나 숲 가장자리에 자생. 반관목이기 때문에 흔히 초본류처럼 보이기도 함

잎 끝이 꼬리처럼 길어짐

잎 표면에 광택

꽃은 엽액에서 나온 수상꽃차례에 달림

줄기 밑에서 가지가 많이 갈라짐

99 | **사철나무** | 노박덩굴과

- **기본 식별 특징**: 상록활엽수(관목), 단엽, 대생, 두껍고 광택 나는 잎, 초록색 가지, 초여름 개화(6~7월)
- 바닷가나 섬 지역에서 흔히 자생하며, 자생지에서는 소교목 개체도 보임. 공원이나 정원의 조경수로도 식재

잎은 두껍고 광택이 나며, 가장자리에 잔 톱니

100 | **회양목** | 회양목과

- **기본 식별 특징**: 상록활엽수(관목), 단엽, 대생, 작고 두꺼운 잎, 열매에 뿔 모양 돌기, 초봄 개화(3~4월)
- 석회암지대 등에 제한적으로 자생하며, 소교목 개체도 있음. 공원이나 정원, 아파트의 경계석 틈에 조경수로 식재

잎 가장자리는 밋밋하며 끝이 약간 파임

잎은 타원형이며, 두껍고 광택

열매에 암술대가 변한 뿔 같은 돌기 3개

암꽃(중앙부)은 꽃받침조각 6개, 암술머리 3개

수술

수꽃(주변부)은 꽃받침 4개, 수술은 흔히 3개(1~4개)

꽃은 엽액에 달림

소지에 털 밀생

101 | **복자기** | 단풍나무과

- **기본 식별 특징**: 낙엽활엽수(교목), 3출엽, 대생, 소엽에 톱니 2~4개, 시과, 봄 개화 (4~5월)
- 중부 이북의 산지에 자생하며, 공원의 조경수나 간혹 가로수로도 식재

소엽에 톱니 2~4개, 소엽은 좌우 비대칭

대생(마주나기)

열매(시과)는 벌어지는 각도가 90도 이하

수꽃은 한 곳에 3개씩 달림

102 | 싸리, 참싸리 | 콩과

- **기본 식별 특징**: 낙엽활엽수(관목), 3출엽, 호생, 소엽 끝이 파임, 접형화관, 여름 개화 (7~9월)
- 산지에 흔히 자람. 싸리는 긴 꽃자루와 장타원형 열매가 달리며, 참싸리는 꽃자루가 거의 없고 원형 열매가 달림

싸리 — 꽃받침이 얕게 갈라짐
꽃은 엽액에서 나온 긴 꽃자루 끝에 모여 달림
참싸리 — 열매는 납작한 원형
싸리 — 열매는 납작한 장타원형
참싸리 — 꽃차례는 엽액에서 나오지만 꽃자루가 매우 짧음
꽃받침은 길게 뾰족함

참싸리
소엽은 넓은 도란형이며, 끝이 둔하거나 약간 파임

103 | **조록싸리** | 콩과

- **기본 식별 특징**: 낙엽활엽수(관목), 3출엽, 호생, 소엽 끝이 뾰족, 접형화관, 초여름 개화(6~7월)
- 산지에 흔히 자람

꽃은 엽액에서 나온 총상꽃차례에 달림

소지와 꽃차례에 털 밀생

꽃받침은 길게 뾰족하며, 털 밀생

열매는 납작한 장타원형이며, 털 밀생

소엽 끝이 뾰족함

잎 뒷면은 분백색이며, 잎자루와 잎맥을 중심으로 털 밀생

104 | 모란 | 미나리아재비과

- **기본 식별 특징**: 낙엽활엽수(관목), 3출엽 또는 2회 3출엽, 호생, 매우 큰 꽃, 봄 개화 (4~5월)
- 주로 관상용으로 식재하며, 품종이 다양함. 비슷한 종인 작약은 초본임

105 | **멍석딸기** | 장미과

- **기본 식별 특징**: 낙엽활엽수(관목), 3출엽, 호생, 잎 뒷면에 흰 털 밀생, 줄기에 가시, 위로 올라붙는 꽃잎, 줄기가 옆으로 기듯 자람, 늦봄 개화(5~6월)
- 산과 들, 하천변에 흔히 자생

106 | 아까시나무 | 콩과

- **기본 식별 특징**: 낙엽활엽수(교목), 우상복엽, 호생, 잎자루 기부에 가시 1쌍, 접형화관, 늦봄 개화(5~6월)
- 식재한 것이 야생화해 낮은 산지에 군락을 이루며, 하천변에도 폭넓게 분포. 개화기에 향기가 강함

소엽은 9~21개

꽃은 아래로 늘어지는 총상꽃차례에 달림

가시는 잎자루의 기부에 쌍으로 달림(탁엽침)

꽃받침은 얕게 5갈래

겨울눈에서 가지가 나오는 위치

잎자루

열매는 길고 납작함

종자는 열매의 한쪽 선에만 달림

107 | 산초나무, 초피나무 | 운향과

- **기본 식별 특징**: 낙엽활엽수(관목), 우상복엽, 호생, 줄기에 가시, 여름 개화(7~8월)
- 산지에 드문드문 분포하며, 초피나무는 남부 지역이나 섬 지역에 더 흔하게 자람. 특유의 향이 있어 향신료로 사용되기도 함

108 | 두릅나무 | 두릅나무과

- **기본 식별 특징**: 낙엽활엽수(관목), 2회 우상복엽, 호생, 줄기와 잎에 크고 작은 가시 밀생, 목걸이 모양 엽흔, 여름 개화(7~9월)
- 소교목 형태도 나타나며, 산지의 개활지나 임도 주변에서 흔히 보임

109 | 해당화 | 장미과

- **기본 식별 특징**: 낙엽활엽수(관목), 우상복엽, 호생, 줄기에 크고 작은 가시 밀생, 잎 뒷면에 털 밀생, 1개씩 달리는 큰 꽃, 늦봄 개화(5~7월)
- 흔히 바닷가 주변에 자생하지만 공원이나 정원에 관상용으로 식재된 것도 자주 보임

줄기에 날카롭고 불규칙한 가시 밀생

소엽(주로 5~7개)은 두껍고 거칠며, 가장자리에 톱니, 뒷면에 털이 밀생하며, 가시가 있음

꽃받침조각은 5개이며, 길게 뾰족해지다 끝이 넓어짐

꽃잎 5장

수술 다수

암술

종자

흰해당화

110 | 덩굴장미 | 장미과

- **기본 식별 특징**: 낙엽활엽수(관목), 우상복엽, 호생, 줄기에 가시, 꽃잎 여러 겹, 초여름 개화(6~7월)
- 줄기는 길게 늘어져 흔히 덤불 형태를 이루며, 관상용이나 울타리용으로 식재

소지는 초록색이며, 납작한 가시가 발달

탁엽은 잎자루에 날개처럼 붙으며, 끝이 뾰족함

암술

수술 다수

꽃잎(다수)은 품종에 따라 다양한 색깔

소엽은 3~5개이며, 타원형이고 뾰족한 톱니

꽃받침조각 5개

꽃자루와 꽃받침에 샘털 밀생

열매는 꽃받침 아래에 위치

111 | 찔레꽃 | 장미과

- **기본 식별 특징**: 낙엽활엽수(관목), 우상복엽, 호생, 줄기에 가시, 구형 붉은색 열매, 늦봄 개화(5~6월)
- 산과 들, 하천변에 자생하며, 흔히 덤불을 이룸

112 | 복분자딸기, 줄딸기 | 장미과

- **기본 식별 특징**: 낙엽활엽수(관목), 우상복엽, 호생, 옆으로 길게 벋는 줄기, 줄기에 가시, 복분자딸기는 줄기에 흰색 분가루, 복분자딸기는 늦봄 개화(5~6월), 줄딸기는 봄 개화(4~5월)
- 복분자딸기는 주로 남부 지역이나 섬 지역에서 자주 보임. 줄딸기는 숲 가장자리의 습기가 많은 곳에 자생

113 | 물푸레나무 | 물푸레나무과

- **기본 식별 특징**: 낙엽활엽수(교목), 우상복엽, 대생, 수피에 흰색 무늬, 시과, 봄 개화 (4~5월)
- 산지에 비교적 흔히 자람

114 | 소태나무 | 소태나무과

- **기본 식별 특징**: 낙엽활엽수(교목), 우상복엽, 호생, 자주색 소지와 흰색 엽흔, 늦봄 개화(5~6월)
- 산지에 드문드문 자라며, 수피와 잎 등에서 매우 쓴맛이 남

열매(검은색)는 구형이며, 광택

엽흔이 뚜렷하며, 흰색

소지는 자주색이며, 흰색 피목이 발달

꽃은 취산꽃차례에 달리며, 황록색

엽축은 녹황색

소엽은 9~15개이며, 가장자리에 얕은 톱니가 발달

115 | 가죽나무 | 소태나무과

- **기본 식별 특징**: 낙엽활엽수(교목), 우상복엽, 호생, 굵은 적갈색 소지, 하트 모양 엽흔, 늦봄 개화(5~6월)
- 식재종이 야생화해 거주지 주변에서 흔히 보임. 잔가지가 없고 복엽의 크기가 매우 큼

엽흔은 하트 모양이며, 크고 뚜렷함

잎자루 기부가 비대함

수피는 회색이며, 오래되면 세로로 얕게 갈라짐

소엽(13~27개) 끝이 꼬리처럼 길어지며, 톱니는 1~2쌍

소지는 매우 굵고 적갈색

열매에 날개가 있음

꽃은 원추꽃차례에 달림

116 | 다릅나무 | 콩과

- **기본 식별 특징**: 낙엽활엽수(교목), 우상복엽, 호생, 개수가 적고 크기가 큰 소엽, 초여름 개화(6~8월)
- 산지에 드문드문 자람

소엽(7~11개)은 난상 타원형이며, 톱니가 없음. 다른 콩과 식물의 소엽에 비해 잎이 큼

열매는 납작하고 길며, 아까시나무와 비슷함

수피는 약간 광택이 나며, 얇게 벗겨지면서 뒤로 말리는 경우가 많음

잎 뒷면은 분백색

117 | **회화나무** | 콩과

- **기본 식별 특징**: 낙엽활엽수(교목), 우상복엽, 호생, 염주 모양 열매, 여름 개화(7~8월)
- 공원수나 가로수로 식재하며, 곳곳에 노거수가 분포. 아까시나무와 비슷하지만 가시가 없음

수피가 세로로 갈라짐

소엽(9~15개)은 장난형이며, 톱니가 없음

열매는 염주 모양으로 늘어짐

노거수

꽃은 황백색이며, 원추꽃차례에 엉성하게 달림

118 | 족제비싸리 | 콩과

- **기본 식별 특징**: 낙엽활엽수(관목), 우상복엽, 호생, 꼬리처럼 생긴 꽃차례, 늦봄 개화 (5~6월)
- 숲 주변이나 하천변에서 흔히 보임

소엽(11~29개)은 난형에서 긴타원형이며, 가장자리가 밋밋함

열매 표면에 돌기 모양 점

주로 하천변이나 절개지에 흔히 자람

암술대 1개

수술 10개

꽃은 가지 끝 수상꽃차례(꼬리모양)에 달리며, 암자색, 암술이 먼저 발달하고 곧이어 수술이 발달

꽃잎(기판만 1개)은 암술과 수술을 원통처럼 감쌈

119 | 땅비싸리 | 콩과

- **기본 식별 특징**: 낙엽활엽수(관목), 우상복엽, 호생, 줄기 여러 개가 뭉쳐남, 접형화관, 홍자색 꽃, 늦봄 개화(5~6월)
- 산지에 흔히 자생

120 | 큰낭아초 | 콩과

- **기본 식별 특징**: 낙엽활엽수(관목), 우상복엽, 호생, 긴 수상(이삭)꽃차례, 접형화관, 홍자색 꽃, 초여름 개화(6~9월)
- 도로변에 흔하며, 도심 주변 산지의 저지대에서도 보임

소엽(5~11개)은 타원에서 타원상 도란형이며, 가장자리가 밋밋하고 잔털

꽃 1개

열매는 긴 원기둥형이며, 표면에 잔털

줄기가 비스듬히 위로 자라며, 털 밀생

꽃은 엽액에서 나온 수상꽃차례에 달리며, 꽃차례가 위쪽으로 길게 자람

121 | **자귀나무** | 콩과

- **기본 식별 특징**: 낙엽활엽수(소교목), 2회 우상복엽, 호생, 짝수 우상복엽, 분홍색 수술이 분수처럼 펼쳐짐, 초여름 개화(6~7월)
- 교목으로도 자라며, 주로 하천변이나 섬 지역에 자생. 공원이나 정원의 관상수, 간혹 가로수로도 식재. 잎은 밤이 되면 소엽이 포개짐

가지 끝이 나선형

꽃은 가지 끝에 달리며, 모두 하늘을 향해 핌

맨 위의 복엽이 짝수이며, 소엽은 칼 모양

잎 1장(2회 우상복엽)

꽃이 뭉쳐나며, 꽃마다 실 같은 분홍색 수술이 25개 정도 나와 사방으로 퍼짐

122 | 마가목 | 장미과

- **기본 식별 특징**: 낙엽활엽수(소교목), 우상복엽, 호생, 피침형 소엽과 날카로운 톱니, 황적색 열매, 늦봄 개화(5~6월)
- 높은 산지에 자생하며, 공원이나 정원, 완충녹지에 관상수로 식재

소엽(9~15개)은 피침형이며, 날카로운 겹톱니가 있고 털이 거의 없음

암술대 3~4개
꽃잎 5장
수술은 길며 주로 20개

꽃은 겹산방꽃차례에 달림

겨울눈에 털이 없음
소지는 회갈색이며, 흰색 피목이 발달

열매는 구형이며, 황적색

123 | 쉬땅나무 | 장미과

- **기본 식별 특징**: 낙엽활엽수(관목), 우상복엽, 호생, 많은 줄기가 밑에서 모여남, 피침형 소엽, 여름 개화(7~8월)
- 높은 산 저지대 숲이나 계곡 주변에 자생하며, 공원이나 정원에 관상수로도 식재

소엽(13~25개)은 피침형이며, 뒷면에 털이 많음

소엽 끝은 꼬리처럼 길어지며, 가장자리에 예리한 겹톱니

암술대 5개   꽃잎 5장

수술은 길며 다수

꽃은 가지 끝 원추꽃차례에 달림

열매는 별 모양이며, 5갈래로 벌어짐

124 | 붉나무 | 옻나무과

- **기본 식별 특징**: 낙엽활엽수(관목), 우상복엽, 호생, 잔가지가 없는 굵은 소지, 엽축에 날개잎, 붉은색 단풍, 늦여름 개화(8~9월)
- 간혹 소교목 형태의 개체도 보이며, 낮은 산지나 하천 주변에 흔히 자생

125 | 개옻나무 | 옻나무과

- **기본 식별 특징**: 낙엽활엽수(관목), 우상복엽, 호생, 붉은색 잎자루, 겨울눈에 갈색 털 밀생, 늦봄 개화(5~6월)
- 간혹 소교목 형태의 개체도 보이며, 산지에 드문드문 분포

겨울눈에 갈색 털 밀생

엽흔이 하트 모양

꽃은 원추꽃차례에 달리며, 아래로 늘어짐

잎은 줄기 끝에 모여나며, 잎자루에는 주로 붉은빛이 돔

원추꽃차례(암꽃차례)에 달린 열매

열매 표면에 가시 모양 털 밀생

소엽(9~17개)은 타원형이며, 가장자리는 밋밋하거나 결각상 톱니 몇 개

126 | 모감주나무 | 무환자나무과

- **기본 식별 특징**: 낙엽활엽수(소교목), 우상복엽, 호생, 소엽에 결각, 풍선처럼 부푼 속이 빈 열매, 초여름 개화(6~7월)
- 주로 남부 지역이나 해안가에 많지만 주변에서는 공원수로 식재된 것이 흔히 보임

종자(구형)는 검은색이며, 광택

소엽(7~17개)에 결각이 있으며, 불규칙한 톱니

열매는 풍선처럼 부풀어 오르며, 3갈래로 갈라짐

오래된 수피가 세로로 갈라짐

기부는 붉은색으로 변하며, 돌기가 있음

꽃잎(4장)은 한쪽으로 치우쳐 달림

수술 8개

꽃은 노란색이며, 가지 끝 원추꽃차례에 달림

127 | 외대으아리 | 미나리아재비과

- **기본 식별 특징**: 낙엽활엽수(반관목), 3출엽 또는 우상복엽, 대생, 1~3개씩 달리는 꽃, 초여름 개화(6~7월)
- 낮은 산지에 자생하며, 초본 같은 개체도 흔히 나타남

소엽(3~5개)은 난형이며, 끝이 뾰족함

암술은 개수가 적음
(흔히 3~8개 사이가 많음)

수술 다수

화피 조각은
4~6장이며, 흰색

꽃은 엽액에서 나온
긴 꽃대에 1~3개씩 달림

128 | 마로니에, 칠엽수 | 칠엽수과

- **기본 식별 특징**: 낙엽활엽수(교목), 장상복엽, 대생, 겨울눈에 끈적이는 액체, 알밤처럼 생긴 종자, 봄 개화(4~5월)
- 가로수나 공원에 관상용으로 식재. 마로니에를 '가시칠엽수'라고 하며, 열매 표면에 있는 가시의 유무로 구분함

129 | **서양오엽딸기** | 장미과

- **기본 식별 특징**: 낙엽활엽수(관목), 장상복엽, 호생, 줄기에 억센 가시, 검은색 열매, 늦봄 개화(5~6월)
- 재배종이 야생화된 개체가 낮은 산지에 흔히 보임

풀(초본)

130 | 감국, 산국 | 국화과

- **기본 식별 특징**: 쌍떡잎식물, 단엽, 호생, 잎에 결각, 두상화(관상화+설상화), 노란색 꽃, 가을 개화(9~11월)
- 감국은 주로 바닷가나 섬 지역에 흔하게 분포하며, 산국은 주로 산지에 자생

131 | 개망초, 봄망초 | 국화과

- **기본 식별 특징**: 쌍떡잎식물, 단엽, 호생, 두상화(관상화+설상화), 설상화가 흰색, 개망초는 초여름 개화(6~10월), 봄망초는 봄 개화(4~6월)
- 들이나 하천, 도로변 녹지 등에 자생하며, 개망초는 흔히 군락을 이루기도 함. 개망초는 대개 6월 이후 꽃이 피는 반면 봄망초는 5월부터 많이 보이기 때문에 5월에 보이는 것은 대부분 봄망초임

132 | 망초 | 국화과

- **기본 식별 특징**: 쌍떡잎식물, 단엽, 호생, 줄기에 밀생하는 잎, 두상화(관상화+설상화), 여름 개화(7~9월)
- 들이나 하천변에 자생하며, 군락을 이루기도 함. 두상화가 작고 많은 꽃이 달리기 때문에 자세히 보아야 설상화가 보임

잎에 톱니 2~4쌍 발달

식물 전체에 털이 많으며, 줄기에 잎이 밀생

두상화는 원추꽃차례에 달림

갓털은 갈색

관상화

설상화(흰색)

133 | 개쑥부쟁이, 쑥부쟁이 | 국화과

- **기본 식별 특징**: 쌍떡잎식물, 단엽, 호생, 두상화(관상화+설상화), 설상화가 연한 보라색, 늦여름 개화(8~10월)
- 산이나 들에 자생하며, 가을에 흔히 보임. 공원이나 정원에 식재하기도 함

134 | 미국쑥부쟁이 | 국화과

- **기본 식별 특징**: 쌍떡잎식물, 단엽, 호생, 두상화(관상화+설상화), 설상화가 흰색, 늦여름 개화(8~10월)
- 길가나 나지, 하천변 등에 자생하며, 가을에 흔히 보임

설상화(흰색)

잎은 선상 피침형

줄기를 포함한 식물체에 털이 많음

줄기 윗부분의 잎 가장자리에 톱니가 없으며, 긴 털

줄기 윗부분이 갈라지면서 꽃이 많이 달림

관상화는 시들면서 붉은색을 띰

135 | **벌개미취** | 국화과

- **기본 식별 특징**: 쌍떡잎식물, 단엽, 호생, 두상화(관상화+설상화), 잎과 꽃이 큼, 여름 개화(7~10월)
- 산과 들에 드물게 자생하며, 공원이나 정원에도 식재

설상화 (연한보라색)

관상화

근생엽은 긴 도피침형이며, 꽃이 필 때 쯤 없어짐

줄기에 달리는 잎은 피침형, 가장자리에 얕은 잔 톱니

관상화에서 생기는 열매에 갓털이 없음

136 | 구절초 | 국화과

- **기본 식별 특징**: 쌍떡잎식물, 단엽, 근생엽과 경생엽, 두상화(관상화+설상화), 늦여름 개화(8~10월)
- 산이나 들에서 자생하며, 공원이나 정원에도 식재

근생엽은 얕거나 깊게 결각이 지며, 결각에 굵은 톱니

줄기 위쪽의 잎은 얕게 갈라지며, 톱니 몇 개

잎 기부가 좁아져 잎자루의 날개로 이어짐

설상화는 흰색 또는 분홍색이며, 관상화 영역보다 길쭉함

관상화

총포조각은 길이가 짧으며, 3열 배열

두상화는 줄기와 가지 끝에 1개씩 달림

137 | 뚱딴지, 해바라기 | 국화과

- **기본 식별 특징**: 쌍떡잎식물, 단엽, 호생(뚱딴지는 줄기 아래쪽 잎이 대생), 두상화(관상화+설상화), 늦여름 개화(8~10월)
- 재배하기도 하며, 들이나 하천변에서 야생상 개체도 흔히 보임

138 | **원추천인국** | 국화과

- **기본 식별 특징**: 쌍떡잎식물, 단엽, 호생, 잎에 털 밀생, 두상화(관상화+설상화), 관상화가 검은색, 여름 개화(7~8월)
- 주로 식재하며, 들이나 하천변에 야생상의 개체도 흔히 보임

139 | 큰금계국 | 국화과

- **기본 식별 특징**: 쌍떡잎식물, 단엽, 대생, 두상화(관상화+설상화), 초여름 개화(6~8월)
- 하천변이나 길가에 흔히 식재

140 | 노랑코스모스, 코스모스 | 국화과

- **기본 식별 특징**: 쌍떡잎식물, 2회 우상복엽, 대생, 두상화(관상화+설상화), 초여름 개화(6~10월)
- 관상용으로 흔히 식재하며, 코스모스는 꽃 색깔이 다양함

잎은 2회 우상복엽, 대생, 코스모스가 더 가늘게 갈라짐

설상화(8개)는 주황색이며, 끝이 톱니 모양

관상화는 주황색

열매의 돌기 끝에 가시 2개

총포조각은 8개씩 2열 배열

설상화(8개)는 분홍색, 자주색, 흰색이며, 끝이 톱니 모양

관상화는 노란색

총포조각은 8개씩 2열 배열

141 | 금불초, 버들금불초 | 국화과

- **기본 식별 특징**: 쌍떡잎식물, 단엽, 호생, 두상화(관상화+설상화), 여름 개화(7~10월)
- 산과 들에 자생하며, 공원이나 하천변에 관상용으로 식재하기도 함

142 | **미역취** | 국화과

- **기본 식별 특징**: 쌍떡잎식물, 단엽, 호생, 두상화(관상화+설상화), 두상화가 수상(이삭) 꽃차례를 이룸, 여름 개화(7~10월)
- 가을에 산과 들에서 비교적 흔히 보임

143 | **도깨비바늘, 털도깨비바늘** | 국화과

- **기본 식별 특징**: 쌍떡잎식물, 2회 우상복엽, 대생, 두상화(관상화+설상화), 늦여름 개화(8~9월)
- 숲 가장자리나 들에서 자생하며, 털도깨비바늘은 바닷가나 섬 지역에서 더 많이 보임

144 | **털별꽃아재비** | 국화과

- **기본 식별 특징**: 쌍떡잎식물, 단엽, 대생, 전체에 털 밀생, 두상화(관상화+설상화), 초여름 개화(6~9월)
- 여름에 길가나 빈터, 하천변, 숲 가장자리 등에서 흔히 보임

잎 가장자리에 불규칙한 톱니

식물체 전체에 털이 많음

갓털은 흰색

설상화(흰색)는 끝이 3갈래로 갈라짐

관상화는 노란색

총포조각은 5개이며, 샘털이 있음

145 | **솜나물** | 국화과

- **기본 식별 특징**: 쌍떡잎식물, 근생엽, 잎에 흰 털 밀생, 두상화(관상화+설상화), 초봄(3~5월)과 늦여름 개화(8~10월)
- 산지에 자생하며, 봄과 가을에 서로 다른 2종류 꽃이 핌. 주로 가을형에 열매가 달림

146 | 한련초 | 국화과

- **기본 식별 특징**: 쌍떡잎식물, 단엽, 대생, 두상화(관상화+설상화), 늦여름 개화 (8~10월)
- 논이나 습지 주변에 흔히 자생

잎은 피침형이며, 가장자리에 얕은 잔 톱니

총포조각은 5~9개

열매에 갓털이 달리지 않음

식물 전체에 털이 있음

잎은 대생

설상화(흰색) 관상화(흰색)

147 | 비짜루국화, 큰비짜루국화 | 국화과

- **기본 식별 특징**: 쌍떡잎식물, 단엽, 호생, 두상화(관상화+설상화), 두상화의 크기가 작고 많이 달림, 늦여름 개화(8~10월)
- 주변에서 보이는 종은 주로 큰비짜루국화가 많으며, 길가나 하천변에서 흔히 보임

148 | 사데풀 | 국화과

- **기본 식별 특징**: 쌍떡잎식물, 단엽, 호생, 뚜렷한 흰색 주맥, 두상화(설상화), 늦여름 개화(8~10월)
- 바닷가나 섬 지역에서 흔하게 보임

149 | 방가지똥, 큰방가지똥 | 국화과

- **기본 식별 특징**: 쌍떡잎식물, 단엽, 호생, 잎에 결각이 있거나 톱니, 두상화(설상화), 늦봄 개화(5~9월)
- 길가나 빈터, 하천변 등 도심 주변에서도 흔히 자생하며, 봄부터 가을까지로 긴 개화기

150 | 흰민들레 | 국화과

- **기본 식별 특징**: 쌍떡잎식물, 근생엽, 두상화(설상화), 흰색 꽃, 봄 개화(4~6월)
- 들이나 바닷가 주변에서 종종 보이며, 꽃 색깔을 제외한 전체적인 모습은 민들레와 비슷함

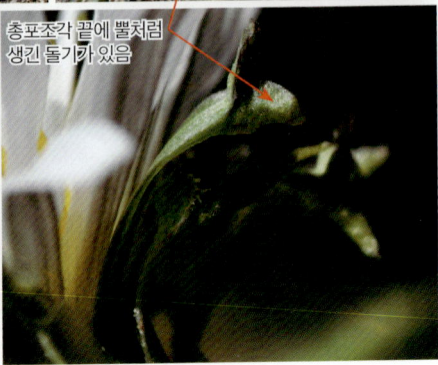

151 | 민들레, 서양민들레 | 국화과

- **기본 식별 특징**: 쌍떡잎식물, 근생엽, 두상화(설상화), 봄 개화(4~5월)
- 산이나 들, 하천변에 자생하며, 주변에서 보이는 종은 대부분 서양민들레임. 서양민들레는 도로변이나 민가 주변에서도 흔히 보이며, 종종 군락으로도 분포하고 늦가을까지도 꽃을 피우는 경우가 많음

152 | **벌씀바귀** | 국화과

- **기본 식별 특징**: 쌍떡잎식물, 단엽, 호생, 잎이 길고 기부가 줄기를 둘러쌈, 두상화(설상화), 봄 개화(4~6월)
- 하천이나 들, 도로변의 완충녹지 등에서 흔히 보임

153 | **노랑선씀바귀, 선씀바귀, 씀바귀** | 국화과

- **기본 식별 특징**: 쌍떡잎식물, 주로 근생엽이 발달하고 경생엽은 1~2개, 두상화(설상화), 노랑선씀바귀와 선씀바귀는 봄 개화(4~6월), 씀바귀는 늦봄 개화(5~7월)
- 노랑선씀바귀와 선씀바귀는 봄에 낮은 산지나 도로변, 하천변 등 도심 주변에서 흔히 보이며, 씀바귀는 주로 산지에 자생

설상화는 5~7개이며, 노란색 또는 흰색

두상화는 산방형으로 달림

설상화는 노란색

설상화는 보통 25개 내외

설상화는 연한 자주색 또는 흰색

안쪽 총포조각 5~7개

안쪽 총포조각 8개

잎은 피침형 또는 도피침형이며, 얕은 톱니가 있거나 갈라짐

154 | 고들빼기, 이고들빼기 | 국화과

- **기본 식별 특징**: 쌍떡잎식물, 단엽, 호생, 잎 기부가 줄기를 둘러쌈, 두상화(설상화), 고들빼기는 늦봄 개화(5~9월), 이고들빼기는 늦여름 개화(8~10월)
- 고들빼기는 산이나 들, 하천, 도로변 등 도심 주변에서도 흔하게 보이며, 초가을까지도 꽃을 피우는 개체가 종종 보임. 이고들빼기는 산지나 섬 지역에 흔히 자생하며, 잎의 변이가 매우 심함

155 | 가는잎왕고들빼기, 왕고들빼기 | 국화과

- **기본 식별 특징**: 쌍떡잎식물, 단엽, 호생, 잎이 길고 흰색 주맥이 뚜렷함, 두상화(설상화), 늦여름 개화(8~10월)
- 숲 주변이나 들, 하천변에 흔히 자생하며, 잎에 생기는 결각 유무로 구분 가능

156 | 가시상추 | 국화과

- **기본 식별 특징**: 쌍떡잎식물, 단엽, 호생, 잎 뒷면의 주맥을 따라 가시 밀생, 두상화(설상화), 여름 개화(7~9월)
- 길가나 하천변 등 도심 주변에서 흔히 보임

잎 뒷면 주맥에 가시 밀생

잎은 결각상으로 깊게 갈라지며, 가장자리에 가시 발달

설상화는 연한 노란색이며, 끝에 톱니 5개

총포조각은 장난형이며, 2~3줄로 달림

157 | 뽀리뱅이 | 국화과

- **기본 식별 특징**: 쌍떡잎식물, 전체에 털 밀생, 근생엽이 발달, 경생엽은 2~3장, 두상화(설상화), 늦봄 개화(5~6월)
- 하천변이나 들, 도로변의 완충녹지 등 도심 주변에서 흔히 보임

158 | 개쑥갓 | 국화과

- **기본 식별 특징**: 쌍떡잎식물, 단엽, 호생, 잎이 불규칙하게 갈라짐, 두상화(관상화), 봄 개화(3~10월)
- 길가나 빈터, 하천변 등 도심 주변에서도 흔히 자생. 초봄부터 가을까지로 개화기가 길며, 서식 환경에 따라 거의 연중 꽃이 피기도 함

159 | 붉은서나물, 주홍서나물 | 국화과

- **기본 식별 특징**: 쌍떡잎식물, 단엽, 호생, 잎에 결각상 톱니, 두상화(관상화), 붉은서나물은 초가을 개화(9~10월), 주홍서나물은 여름 개화(7~10월)
- 길가나 빈터, 숲 가장자리에 흔히 자생하며, 주홍서나물은 남부 지역이나 섬 지역에 더 많음

160 | 엉겅퀴, 지느러미엉겅퀴 | 국화과

- **기본 식별 특징**: 쌍떡잎식물, 단엽, 호생, 잎에 침상 가시, 지느러미엉겅퀴는 줄기에 날개잎이 발달, 두상화(관상화), 엉겅퀴는 초여름 개화(6~9월), 지느러미엉겅퀴는 늦봄 개화(5~8월)
- 엉겅퀴는 산이나 들, 섬 지역에 비교적 흔히 자라며, 지느러미엉겅퀴는 들, 길가나 하천변 등 도심 주변에서도 흔히 보임

161 | 큰엉겅퀴 | 국화과

- **기본 식별 특징**: 쌍떡잎식물, 단엽, 호생, 잎이 우상으로 갈라짐, 두상화(관상화), 꽃이 아래를 향함, 여름 개화(7~10월)
- 숲 주변이나 들, 하천변 등에 드문드문 자생하며, 키가 커서 멀리서도 잘 보임

162 | **지칭개** | 국화과

- **기본 식별 특징**: 쌍떡잎식물, 단엽, 호생, 잎이 우상으로 깊게 갈라지고 뒷면은 흰색, 두상화(관상화), 늦봄 개화(5~9월)
- 길가나 들, 하천변에 흔히 무리 지어 자라며, 로제트형 잎이 월동함

뒷면에 흰색 털 밀생

잎은 우상으로 깊게 갈라짐

관상화는 분홍색

총포조각은 8줄로 배열

가지가 많이 갈라지며, 두상화는 줄기와 가지 끝에 달림

갓털은 흰색이며, 서로 엉겨서 솜사탕처럼 됨

163 | 조뱅이, 큰조뱅이 | 국화과

- **기본 식별 특징**: 쌍떡잎식물, 단엽, 호생, 두상화(관상화), 분홍색 꽃, 조뱅이는 늦봄 개화(5~8월), 큰조뱅이는 여름 개화(7~9월)
- 조뱅이는 길가나 하천변에 흔히 무리 지어 자람. 큰조뱅이는 들이나 도로변에 드문 드문 무리 지어 자라며, 보이는 지역이 점차 확대되고 있음

164 | 단풍잎돼지풀 | 국화과

- **기본 식별 특징**: 쌍떡잎식물, 단엽, 대생, 장상엽, 두상화(관상화), 이삭처럼 달리는 두상화, 여름 개화(7~10월)
- 길가나 빈터, 하천변에 흔히 무리 지어 자라며, 꽃가루알레르기를 일으키는 원인 식물로 알려짐. 잎이 단풍잎처럼 생겨 돼지풀과 구별

잎은 단풍잎처럼 3~5개로 깊게 갈라짐

165 | **돼지풀** | 국화과

- **기본 식별 특징**: 쌍떡잎식물, 2~3회 우상복엽, 호생(줄기 아래쪽에서는 대생), 두상화(관상화), 이삭처럼 달리는 두상화, 늦여름 개화(8~10월)
- 길가나 빈터, 하천변에 흔히 무리 지어 자라며, 꽃가루알레르기를 일으키는 원인 식물로 알려짐

잎은 2~3회 우상으로 깊게 갈라짐, 전체에 털 밀생

수꽃 두상화가 수상꽃차례를 형성

잎은 줄기 아래쪽에서는 대생하지만 위로 갈수록 호생

암꽃 두상화

166 | 넓은잎외잎쑥, 맑은대쑥, 제비쑥 | 국화과

- **기본 식별 특징**: 쌍떡잎식물, 단엽, 호생, 두상화(관상화), 여름 개화(7~9월)
- 산지에 비교적 흔히 자생하며, 잎의 크기와 모양, 털 등으로 3종을 구별 가능

제비쑥
잎은 좁은 주걱형이며, 주로 상반부에 빗살 모양 톱니

넓은잎외잎쑥
잎은 난상 장타원형이며, 가장자리에 불규칙한 뾰족한 톱니

제비쑥

맑은대쑥

맑은대쑥
잎은 넓은 주걱형이며, 가장자리에 결각상 톱니

넓은잎외잎쑥
잎 뒷면에 흰색 털 밀생

167 | 뺑쑥, 쑥 | 국화과

- **기본 식별 특징**: 쌍떡잎식물, 단엽, 호생, 우상으로 깊게 갈라지는 잎, 뒷면에 흰 털 밀생, 두상화(관상화), 뺑쑥은 여름 개화(7~10월), 쑥은 늦여름 개화(8~9월)
- 산이나 들에 흔히 자생하며, 도심 주변에서도 흔히 보임

168 | **미국가막사리** | 국화과

- **기본 식별 특징**: 쌍떡잎식물, 우상복엽, 대생, 두상화(관상화), 열매에 가시 2개, 초여름 개화(6~10월)
- 습지 주변에 흔히 자생

169 | 골등골나물, 등골나물, 서양등골나물 |
국화과

- **기본 식별 특징**: 쌍떡잎식물, 단엽, 대생, 두상화(관상화), 두상화가 산방꽃차례에 많이 달림, 여름 개화(7~10월)
- 골등골나물은 햇빛이 잘 들고 약간 습기 있는 곳을 선호. 등골나물은 산지 숲 주변이나 들에 자생. 서양등골나물은 도심 주변의 숲 가장자리에 무리 지어 자라며, 그늘진 곳에서도 잘 자라고 개화시기가 약간 늦음

170 | 도꼬마리, 큰도꼬마리 | 국화과

- **기본 식별 특징**: 쌍떡잎식물, 단엽, 호생, 삼각형 잎, 가시가 있는 타원형 열매, 두상화 (관상화), 늦여름 개화(8~10월)
- 들이나 하천변에 흔히 자생하며, 도심 주변에서는 큰도꼬마리가 더 많이 보임. 열매 표면의 털과 가시로 2종을 구별 가능

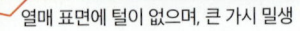

171 | **중대가리풀** | 국화과

- **기본 식별 특징**: 쌍떡잎식물, 단엽, 호생, 잎이 작고 주걱형, 두상화가 작아 눈에 잘 띄지 않음, 두상화(관상화), 여름 개화(7~10월)
- 밭 주변, 공원이나 하천의 습한 곳 등에 자생하며, 전체적으로 소형

줄기는 지면을 기듯이 자람

잎은 주걱형이며, 굵은 톱니가 몇 개 있음

두상화는 엽액에 1개씩 달리며, 녹색이거나 갈색 또는 자주색을 띰

잎자루가 없음

두상화에서 발달한 열매

172 | 고깔제비꽃 | 제비꽃과

- **기본 식별 특징**: 쌍떡잎식물, 단엽, 근생엽, 흔히 꽃이 먼저 핌, 잎 기부가 고깔처럼 말림, 꽃잎에 '거'가 발달, 봄 개화(4~5월)
- 산지 숲에 자생

측판 안쪽에 털이 있음
순판 기부에 진한 자주색 줄무늬
꽃잎은 주로 연한 자주색

꽃이 먼저 나옴(비교적 대형)
잎 기부는 꽃이 필 때 안으로 말려 있음

잎은 말린 부분이 펴지면 기부가 서로 겹쳐질 정도로 가까워 짐
잎은 심장형이며, 끝이 뾰족

가장자리에 톱니가 발달하며, 양면에 털이 많음

꽃받침조각은 난형이며, 자주색
거

173 | 서울제비꽃, 제비꽃 | 제비꽃과

- **기본 식별 특징**: 쌍떡잎식물, 단엽, 근생엽, 잎자루에 날개 발달, 꽃잎에 '거'가 발달, 초봄 개화(3~5월)
- 낮은 산지나 공원 풀밭 등 햇빛이 잘 드는 곳에 자생. 서울제비꽃은 도심 공원의 풀밭에서 무리 지어 자라기도 하며, 개화시기가 제비꽃에 비해 약간 늦음

제비꽃
- 잎은 피침형이며, 얕고 둔한 톱니
- 측판 안쪽에 털
- 잎자루에 날개

제비꽃
- '거'는 끝이 둥근 모양
- 꽃잎은 주로 자주색
- 꽃받침조각은 난상 피침형이며, 끝이 뾰족

제비꽃
- 열매는 타원형

서울제비꽃
- 도심 공원 내 수목 하상이나 잔디밭 등에서 군집을 이루기도 함

서울제비꽃
- 꽃잎은 주로 연한 자주색
- 꽃줄기에 털이 많음

서울제비꽃
- 잎은 난상 타원형이며, 연한 녹색이고 톱니 발달
- 잎은 중앙 이하 부분이 안으로 말려 나옴

174 | 흰젖제비꽃, 흰제비꽃 | 제비꽃과

- **기본 식별 특징**: 쌍떡잎식물, 단엽, 근생엽, 꽃잎에 '거'가 발달, 흰색 꽃, 흰젖제비꽃은 대부분 순판에서만 자주색 줄무늬가 나타남, 흰제비꽃은 흔히 꽃잎 3장 이상에서 자주색 줄무늬가 나타남, 봄 개화(4~5월)
- 산과 들, 공원 등의 풀밭에 자생하며, 도심 주변에서도 자주 보임

175 | **남산제비꽃** | 제비꽃과

- **기본 식별 특징**: 쌍떡잎식물, 단엽, 근생엽, 장상으로 깊게 갈라지는 잎, 꽃잎에 '거'가 발달, 봄 개화(4~5월)
- 주로 산지에 많이 자생

꽃잎은 주로 흰색

측판 안쪽에 약간의 털

순판 기부에 진한 자주색 줄무늬

잎은 크게 3~5갈래로 갈라지고, 각 열편이 다시 깊게 갈라짐

꽃이 진후 나오는 잎은 대형

열매는 타원형이며, 끝이 뾰족

꽃받침조각은 피침형

'거'는 끝이 둥근 모양

176 | **알록제비꽃** | 제비꽃과

- **기본 식별 특징**: 쌍떡잎식물, 단엽, 근생엽, 잎 표면에 흰색 줄무늬, 뒷면이 자주색, 꽃잎에 '거'가 발달, 봄 개화(4~5월)
- 주로 산지에 자생

잎 뒷면은 주로 자주색

'거'는 길며, 끝이 둥근 모양

꽃잎은 자주색

꽃받침조각은 피침형이며, 자주색

잎은 거의 원형에 가까우며, 톱니

잎맥을 따라 흰색 줄무늬가 있으며, 줄무늬의 강도는 다양함

잎 기부는 심장저

177 | **종지나물** | 제비꽃과

- **기본 식별 특징**: 쌍떡잎식물, 단엽, 근생엽과 경생엽, 흔히 잎 기부가 포개짐, 꽃잎의 '거'가 짧음, 봄 개화(4~5월)
- 흔히 관상용으로 식재하지만 도심 주변에서 야생상 개체가 종종 보임

178 | 졸방제비꽃, 콩제비꽃 | 제비꽃과

- **기본 식별 특징**: 쌍떡잎식물, 단엽, 근생엽과 경생엽, 곧게 서는 줄기, 꽃잎에 '거'가 발달, 봄 개화(4~6월)
- 주로 산지의 그늘지고 습한 곳에서 보임

179 | **노랑제비꽃** | 제비꽃과

- **기본 식별 특징**: 쌍떡잎식물, 단엽, 근생엽과 경생엽, 노란색 꽃, 꽃잎에 '거'가 발달, 봄 개화(4~5월)
- 산지에 자생하며, 다른 제비꽃류에 비해 높은 지대에서 보임

잎은 근생엽과 경생엽이 모두 있으며, 치아상 톱니가 발달

기부는 심장저이며, 뚜렷한 장상맥

꽃잎은 노란색

측판 안쪽에 털

순판에 세로로 흑자색 줄무늬 있으며, 측판에도 줄무늬가 1~2개 나타남

키가 작으며, 꽃은 적게 달림(2~3개)

180 | 세잎양지꽃, 양지꽃 | 장미과

- **기본 식별 특징**: 쌍떡잎식물, 근생엽이 3출엽(세잎양지꽃) 또는 우상복엽(양지꽃), 흔히 방사상으로 퍼지며 자람, 봄 개화(4~6월)
- 산이나 들의 햇빛이 잘 드는 곳에 흔히 자생

세잎양지꽃 — 암술(다수)은 중심부에 분포
꽃잎은 5장이며, 끝이 편평하거나 오목
잎은 3출엽이며, 꽃이 지면 잎이 점차 커짐
꽃받침조각은 5개이며, 털이 많음
세잎양지꽃 — 양지바른 곳에 자라며, 지면에 방사상으로 퍼짐
양지꽃 — 수술(다수)은 주변부에 분포
암술(다수)은 중심부에 분포
양지꽃 — 잎은 우상복엽(3~11개)이며, 꽃이 지면 잎이 점차 커지고 소엽은 아래로 갈수록 작아짐

181 | **뱀딸기** | 장미과

- **기본 식별 특징**: 쌍떡잎식물, 3출엽, 호생, 옆으로 벋는 줄기 발달, 봄 개화(4~7월)
- 숲 주변이나 풀밭의 습기가 많은 곳에 자생하며, 흔히 무리 지어 자람

수술(다수)은 주변부에 분포

꽃잎은 5장이며, 끝이 오목

암술(다수)은 중심부에 분포

줄기에 털이 많으며, 지면을 따라 길게 벋으면서 자람

잎은 흔히 3출엽이지만 측면의 2개가 갈라져 5개로 되는 것도 많음

꽃은 꽃대에 1개씩 달림

꽃받침조각은 5개이며, 긴 털이 밀생하고 끝이 뾰족

열매는 붉은색이며, 각 수과는 돌출

부꽃받침은 5개이며, 끝이 3~5갈래

182 | **개소시랑개비** | 장미과

- **기본 식별 특징**: 쌍떡잎식물, 우상복엽, 호생, 소엽에 큰 톱니 발달, 늦봄 개화(5~8월)
- 들이나 길가 풀밭의 습한 곳에 자생하며, 도심 주변에서도 흔히 보임

183 | 딱지꽃 | 장미과

- **기본 식별 특징**: 쌍떡잎식물, 우상복엽, 호생, 근생엽 발달, 소엽이 주맥 근처까지 깊게 갈라짐, 초여름 개화(6~7월)
- 산지 풀밭이나 길가의 햇빛이 잘 드는 곳에 자람

암술 다수
꽃잎은 5장이며, 끝이 오목
수술 다수

근생엽은 우상복엽(15~29개)이며, 뒷면에 흰 털 밀생

꽃받침조각은 5개이며, 털이 밀생하고 끝이 뾰족함

경생엽은 뒷면에 흰색 털 밀생
줄기와 잎자루에 긴 털 밀생
탁엽은 가늘게 갈라짐

꽃은 산방꽃차례에 달림

184 | **짚신나물** | 장미과

- **기본 식별 특징**: 쌍떡잎식물, 우상복엽, 호생, 꽃은 총상꽃차례에 밀생, 초여름 개화 (6~8월)
- 산이나 들의 습한 곳에 주로 자생

185 | 오이풀 | 장미과

- **기본 식별 특징**: 쌍떡잎식물, 우상복엽, 호생, 근생엽이 발달, 꽃이 뭉쳐나며, 붉은색 꽃받침이 발달, 여름 개화(7~9월)
- 산이나 들에 자생

186 | **고삼** | 콩과

- **기본 식별 특징**: 쌍떡잎식물, 우상복엽, 호생, 총상꽃차례, 초여름 개화(6~8월)
- 산이나 들, 하천변 등 햇빛이 잘 드는 곳에 자생. 뿌리를 약재로 쓰며, 매우 쓴 맛이 남

잎은 우상복엽(소엽은 주로 20~30개)이며, 소엽은 장난형

꽃잎은 연한 황색

꽃은 꼬리처럼 길어지는 총상꽃차례에 달림

꽃받침(통형)은 끝 부분이 주름지듯 얕게 갈라짐

열매는 긴 원기둥형이며 잘록하게 들어가 염주 모양을 이룸

종자는 타원형이며, 밤색

187 | 비수리, 호비수리 | 콩과

- **기본 식별 특징**: 쌍떡잎식물, 3출엽, 호생, 잎이 줄기에 촘촘히 달림, 늦여름 개화 (8~9월)
- 길가나 풀밭, 하천변 등에 자생. 호비수리는 흔히 반관목 형태도 나타나며, 주로 중부 이북에 분포

188 | 둥근매듭풀, 매듭풀 | 콩과

- **기본 식별 특징**: 쌍떡잎식물, 3출엽, 호생, 소엽을 잡아당기면 'V'자로 잘림, 여름 개화 (7~9월)
- 들이나 길가, 하천변, 공원의 잔디밭 등 도심 주변에서도 흔히 보임

189 | **자귀풀, 차풀** | 콩과

- **기본 식별 특징**: 쌍떡잎식물, 우상복엽, 호생, 많은 소엽, 자귀풀은 여름 개화(7~8월), 차풀은 늦여름 개화(8~10월)
- 들이나 하천변 등 습지 주변에 흔히 자생하며, 차풀은 무리 지어 자라는 경우가 많음

190 | **전동싸리** | 콩과

- **기본 식별 특징**: 쌍떡잎식물, 3출엽, 호생, 곧게 서는 줄기와 많은 가지, 꽃은 총상꽃차례에 달림, 여름 개화(7~8월)
- 들이나 길가, 하천변에 자생

191 | 벌노랑이, 서양벌노랑이 | 콩과

- **기본 식별 특징**: 쌍떡잎식물, 우상복엽, 호생, 소엽 2개가 탁엽 위치에 있어서 3출엽으로 보임, 노란색 꽃, 늦봄 개화(5~7월)
- 주로 바다와 인접한 들이나 풀밭에 자생하며, 도심 주변에서는 하천 사면 복원용으로 식재한 서양벌노랑이가 흔히 보임

192 | 잔개자리 | 콩과

- **기본 식별 특징**: 쌍떡잎식물, 3출엽, 호생, 노란색 꽃이 자루 끝에 모여 달림, 봄 개화 (4~6월)
- 길가나 빈터에 무리 지어 자라며 주로 옆으로 기면서 자람. 꽃이 없을 때는 자주개자리와 비슷하지만 크기가 작음

193 | **자주개자리** | 콩과

- **기본 식별 특징**: 쌍떡잎식물, 3출엽, 호생, 보라색 꽃이 자루 끝에 모여 달림, 초여름 개화(6~8월)
- 길가나 빈터에 무리 지어 자라며, 하천의 사면에 많이 식재되어 도심 주변에서 흔히 보임

사면 복원용으로 사용되어 흔히 보임

꽃은 엽액에서 나온 총상꽃차례에 달리며, 긴 꽃대

꽃잎은 보라색이며, 기판 하부에 짙은 줄무늬

소엽 상반부에만 잔 톱니

꽃받침조각은 5개이며, 가늘고 뾰족

194 | 붉은토끼풀 | 콩과

- **기본 식별 특징**: 쌍떡잎식물, 3출엽, 호생, 전체에 털이 많음, 분홍색 꽃이 두상꽃차례에 달림, 늦봄 개화(5~8월)
- 풀밭이나 하천변에 흔히 자생하지만 토끼풀처럼 군락으로 퍼지지 않음

195 | 선토끼풀, 토끼풀 | 콩과

- **기본 식별 특징**: 쌍떡잎식물, 3출엽, 호생, 꽃이 두상꽃차례에 달림, 늦봄 개화(5~9월)
- 들이나 풀밭에 자생하며, 특히 잔디밭에 침입해 군락을 이루기도 함. 선토끼풀은 흔히 토끼풀과 함께 자라며, 크기가 작음

196 | 개별꽃, 큰개별꽃 | 석죽과

- **기본 식별 특징**: 쌍떡잎식물, 단엽, 대생, 양쪽 잎의 기부가 붙어 줄기를 둘러쌈, 줄기 끝에 달리는 잎은 마디가 짧아 윤생처럼 보임, 봄 개화(4~5월)
- 주로 숲 속에 자생하며, 도심 주변의 산지에서는 개별꽃이 좀 더 흔함

개별꽃 — 줄기 끝의 잎은 마디 사이가 짧아 윤생처럼 보임
꽃은 줄기 끝에 1~5개씩 달림

개별꽃 — 암술대 3개, 수술 10개, 꽃잎은 5장이며, 2갈래로 파임

큰개별꽃 — 꽃받침조각 5~8개, 수술 10개, 암술대 2~3개, 꽃잎은 5~8장이며, 끝이 파이지 않음

개별꽃 — 꽃받침조각 5개, 꽃자루에 털

큰개별꽃 — 꽃은 줄기 끝에 1개씩 달림
잎의 기부가 서로 붙어 줄기를 둘러쌈

197 | **별꽃, 쇠별꽃** | 석죽과

- **기본 식별 특징**: 쌍떡잎식물, 단엽, 대생, 양쪽 잎의 기부가 붙어 줄기를 둘러쌈, 꽃잎이 깊게 갈라져 꽃잎 5장이 10장으로 보임, 별꽃은 초봄 개화(3~5월), 쇠별꽃은 봄 개화(4~6월)
- 주로 길가나 숲 주변, 하천변의 습기 있는 곳에 자생하며, 도심 주변에서도 흔히 보임. 별꽃의 개화시기가 약간 빠르지만 서식지 환경에 따라 달라지기도 함

198 | 벼룩나물, 벼룩이자리 | 석죽과

- **기본 식별 특징**: 쌍떡잎식물, 단엽, 대생, 양쪽 잎의 기부가 붙어 줄기를 둘러쌈, 크기가 작음, 봄 개화(4~5월)
- 경작지나 숲 주변, 공원 풀밭 등 도심 주변에서도 흔히 보임. 크기가 작으며, 꽃잎의 갈라짐 유무로 2종을 구분

벼룩나물
꽃받침조각은 5개이며, 끝이 뾰족
꽃잎(5장)은 깊게 갈라져 1장으로 보임

벼룩나물
수술은 5~7개(5개는 뚜렷함)
암술대 2~3개

벼룩이자리
잎은 난형
줄기에 잔털 밀생

벼룩이자리
암술대 3개
수술 10개
꽃잎(5장)은 갈라지지 않으며, 꽃받침조각보다 길이가 짧음
꽃받침조각(5개)은 끝이 뾰족하며, 짧은 털
잎의 기부가 서로 붙어 줄기를 둘러쌈

벼룩나물
잎은 타원상 피침형
줄기에 털이 없음
잎의 기부가 서로 붙어 줄기를 둘러쌈

199 | 유럽점나도나물, 점나도나물 | 석죽과

- **기본 식별 특징**: 쌍떡잎식물, 단엽, 대생, 양쪽 잎의 기부가 붙어 줄기를 둘러쌈, 꽃받침이 끈적끈적함, 봄 개화(4~6월)
- 길가나 공원의 풀밭, 산지 숲 주변 등에 자생하며, 도심 주변에서는 유럽점나도나물이 흔히 보임. 점나도나물의 개화시기가 더 늦음

200 | 끈끈이대나물 | 석죽과

- **기본 식별 특징**: 쌍떡잎식물, 단엽, 대생, 양쪽 잎의 기부가 붙어 줄기를 둘러쌈, 꽃받침이 통 모양, 줄기 위쪽 마디에 끈끈한 점액질, 초여름 개화(6~8월)
- 관상용으로 식재하며, 들이나 하천변에서 야생상으로 퍼진 개체들도 흔히 보임

꽃은 줄기 끝의 취산꽃차례에 달림

암술대 3개

꽃잎은 5장이며, 진분홍

꽃잎 기부에 붙어 있는 인편 조각은 꽃잎 1장당 2개씩 총 10개

꽃받침은 끝 부분만 5갈래로 갈라짐

잎의 기부가 서로 붙어 줄기를 둘러쌈

전체적으로 분백색을 띰

201 | 장구채 | 석죽과

- **기본 식별 특징**: 쌍떡잎식물, 단엽, 대생, 양쪽 잎의 기부가 붙어 줄기를 둘러쌈, 꽃이 층층이 달림, 여름 개화(7~9월)
- 산이나 들에 흔히 자생

잎은 장타원형 또는 넓은 피침형

잎의 기부가 서로 붙어 줄기를 둘러쌈

꽃잎은 5장이며, 끝이 2갈래로 갈라짐

꽃받침은 끝이 5갈래로 얕게 갈라짐

맥 10개

줄기 위쪽의 잎은 더 좁아짐

열매는 난형이며, 끝이 6갈래로 갈라짐

꽃은 엽액에 여러 개씩 층층이 달림

202 | 갓, 유채 | 십자화과

- **기본 식별 특징**: 쌍떡잎식물, 단엽, 호생, 꽃잎 4장, 총상꽃차례, 갓은 봄 개화(4~8월), 유채는 초봄 개화(3~5월)
- 주로 재배하며, 갓은 들이나 하천변에 야생화해 무리 지어 분포하기도 함. 유채는 주로 남부 지역에서 재배하며, 제주도에서는 한겨울에도 흔히 보임

꽃잎 4장
꽃받침조각 4개
암술 1개
수술은 6개(4개는 길고, 2개는 짧음)
열매는 길고 끝이 뾰족함
근생엽이 거칠며, 불규칙한 톱니가 있고 자줏빛이 돌기도 함
잎자루가 있으며, 잎 기부가 줄기를 감싸지 않음
잎자루가 없으며, 잎 기부가 줄기를 감쌈

203 | 개갓냉이, 속속이풀 | 십자화과

- **기본 식별 특징**: 쌍떡잎식물, 단엽, 호생, 꽃잎 4장, 총상꽃차례, 늦봄 개화(5~9월)
- 들이나 하천변에서 흔히 자생하며, 서식환경에 따라 늦가을까지 꽃이 보임. 습지에서는 속속이풀이 무리 지어 나기도 함. 잎의 갈라짐과 열매의 모양으로 2종을 구분

204 | 나도냉이 | 십자화과

- **기본 식별 특징**: 쌍떡잎식물, 단엽, 호생, 근생엽 발달, 깊게 갈라지는 잎, 꽃잎 4장, 총상꽃차례, 늦봄 개화(5~6월)
- 하천변이나 들의 습지에 자생

205 | **꽃다지** | 십자화과

- **기본 식별 특징**: 쌍떡잎식물, 단엽, 호생, 전체에 털 밀생, 꽃잎 4장, 타원형 열매, 총상꽃차례, 봄 개화(4~5월)
- 숲 주변이나 들, 공원, 하천변 등 도심 주변에서도 흔히 보임. 냉이와 같이 자라는 경우가 많음

열매는 장타원형

전체적으로 부드러운 털 밀생

잎에 굵은 톱니 몇 개

암술 1개

꽃잎은 4장이며, 끝이 파임

꽃받침조각은 4개이며, 털이 있음

수술 6개

206 | **재쑥** | 십자화과

- **기본 식별 특징**: 쌍떡잎식물, 2~3회 우상복엽, 호생, 깊고 가늘게 갈라지는 잎, 꽃잎 4장, 총상꽃차례, 늦봄 개화(5~6월)
- 들이나 하천변에 흔히 자생

207 | 냉이 | 십자화과

- **기본 식별 특징**: 쌍떡잎식물, 단엽, 호생, 근생엽 발달, 잎이 깊게 갈라짐, 꽃잎 4장, 총상꽃차례, 하트 모양 열매, 봄 개화(4~5월)
- 숲 주변이나 들, 공원, 하천변 등 도심 주변에서도 흔히 보임. 꽃다지와 같이 자라는 경우가 많음

전체에 털이 있음

근생엽은 우상으로 깊게 갈라짐

꽃잎(4장)은 흰색

꽃받침조각(4개)은 난형

수술 6개 중 4개는 길쭉함

암술 1개

열매는 역삼각형(하트 모양)

208 | 좁쌀냉이, 황새냉이 | 십자화과

- **기본 식별 특징**: 쌍떡잎식물, 우상복엽, 호생, 꽃잎 4장, 총상꽃차례, 봄 개화(4~5월)
- 들이나 풀밭, 하천 주변에 자생하며, 황새냉이는 습지 근처에서 흔히 보임

주로 아래쪽에 털이 약간 있으며, 밑에서 가지가 갈라져 비스듬히 퍼짐

소엽의 크기가 크며, 정소엽이 측소엽에 비해 큼

소엽의 크기가 작으며, 정소엽과 측소엽의 크기는 차이가 거의 없음

수술 6개 중 4개는 길며, 암술은 1개

전체적으로 털이 많고 곧게 자라며, 흔히 자주색을 띰

열매는 가늘고 긴 원기둥형

209 | 미나리냉이 | 십자화과

- **기본 식별 특징**: 쌍떡잎식물, 우상복엽, 호생, 꽃잎 4장, 총상꽃차례, 봄 개화(4~6월)
- 주로 냇가나 계곡 주변 등 습한 곳에 자생

210 | 콩다닥냉이 | 십자화과

- **기본 식별 특징**: 쌍떡잎식물, 근생엽은 우상복엽, 경생엽은 단엽, 호생, 꽃잎 4장, 수술 2개, 총상꽃차례, 원형 열매가 촘촘히 달림, 늦봄 개화(5~7월)
- 길가나 나지, 하천변에 흔히 자생. 수술이 6개(4개가 강함)인 다닥냉이, 꽃잎이 거의 퇴화한 좀다닥냉이와 구별되며, 주변에서 보이는 종은 대부분 콩다닥냉이임

꽃차례의 마디 사이가 짧아 열매가 촘촘히 달림

줄기 아래쪽의 잎은 도피침형으로 불규칙한 톱니가 발달하지만 위로 갈수록 가늘어져 선형

암술 1개
수술은 대부분 2개
꽃잎 4장
꽃받침조각 4개

열매는 원반형이며, 끝이 파임. 말냉이에 비해 크기가 작음

211 | **말냉이** | 십자화과

- **기본 식별 특징**: 쌍떡잎식물, 단엽, 호생, 꽃잎 4장, 총상꽃차례, 원반 모양 열매는 끝이 파임, 봄 개화(4~6월)
- 들이나 풀밭에 자생하며, 콩다닥냉이에 비해 열매가 큼

212 | **장대나물** | 십자화과

- **기본 식별 특징**: 쌍떡잎식물, 단엽, 호생, 잎 기부가 줄기를 둘러쌈, 꽃잎 4장, 총상 꽃차례, 긴 원기둥형 열매, 봄 개화(4~5월)

전체가 분백색을 띰

잎은 넓은 피침형이며, 기부가 줄기를 둘러쌈

꽃받침조각은 4개이며, 장난형

암술 1개

수술 6개

꽃잎은 4장이며, 사각형에 가까움

열매는 가늘고 긴 원기둥형이며, 각이 지고 모두 위로 올라붙음

213 | 며느리밑씻개, 며느리배꼽 | 마디풀과

- **기본 식별 특징**: 쌍떡잎식물, 단엽, 호생, 줄기와 잎자루에 가시, 방패 모양 포, 며느리밑씻개는 초여름 개화(6~10월), 며느리배꼽은 여름 개화(7~9월)
- 산이나 들이나 길가, 하천변에 자생하며, 잎 모양과 포의 크기, 꽃받침의 색깔 등으로 2종을 구분

214 | **고마리** | 마디풀과

- **기본 식별 특징**: 쌍떡잎식물, 단엽, 호생, 창검 모양 잎, 늦여름 개화(8~10월)
- 주로 물가나 습기가 많은 토양에 서식. 숲 주변의 습한 곳이나 하천변에 흔히 군락을 이루면서 자람

잎은 창검 모양

꽃은 가지 끝과 엽액에서 나온 꽃대 끝에 여러 개씩 모여남

위쪽에 달리는 잎은 잎자루가 없음

줄기와 잎자루에 잔가시가 있음

암술대 3개

꽃자루에 샘털

수술 8개

꽃받침은 5갈래로 갈라지며, 흰색이거나 끝이 분홍색

잎에 짙은 반점이 나타나기도 함

215 | 미꾸리낚시 | 마디풀과

- **기본 식별 특징**: 쌍떡잎식물, 단엽, 호생, 잎은 피침형이며 기부가 줄기를 둘러쌈, 초여름 개화(6~10월)
- 숲 주변 습지나 하천변에 자생

잎의 기부가 줄기를 둘러싸기도 함

잎은 피침형이며, 끝이 뾰족

꽃받침은 5갈래로 갈라지며, 윗부분이 분홍색

가지 끝에 꽃이 여러 개 모여 두상꽃차례를 이룸

잎은 기부 양 끝이 길게 늘어짐

줄기는 옆으로 누우며, 잔가시가 있음

216 | **마디풀** | 마디풀과

- **기본 식별 특징**: 쌍떡잎식물, 단엽, 호생, 줄기는 비스듬히 눕고, 잎자루가 거의 없음. 늦봄 개화(5~10월)
- 길가나 나지에 자람

줄기는 보통 비스듬히 눕는 경우가 많음

꽃은 엽액에 달림

잎은 장타원형

탁엽은 엽초형

수술 6~8개, 암술대 3개

꽃받침은 5갈래로 갈라지며, 초록색 바탕에 흰색 또는 붉은색

217 | **수영, 애기수영** | 마디풀과

- **기본 식별 특징**: 쌍떡잎식물, 단엽, 호생, 수영은 잎 기부가 줄기를 둘러쌈, 애기수영은 잎이 창검 모양, 봄 개화(4~6월)
- 수영은 흔히 산이나 들의 풀밭에 자생하며, 애기수영은 길가나 도로변, 하천변 등 도심 주변에서도 흔히 보임

218 | **돌소리쟁이** | 마디풀과

- **기본 식별 특징**: 쌍떡잎식물, 단엽, 호생, 근생엽 발달, 잎이 넓으며 내화피 가장자리에 침상 톱니, 늦봄 개화(5~7월)
- 길가나 풀밭의 약간 습한 곳에 자생

219 | 소리쟁이, 참소리쟁이 | 마디풀과

- **기본 식별 특징**: 쌍떡잎식물, 단엽, 호생, 잎 가장자리가 물결 모양, 열매가 화피로 둘러싸임, 늦봄 개화(5~7월)
- 들의 습한 곳이나 하천변에 자라며, 무리 지어 분포하기도 함. 열매를 둘러싼 화피의 톱니 발달 정도로 구분

220 | 명아자여뀌, 털여뀌 | 마디풀과

- **기본 식별 특징**: 쌍떡잎식물, 단엽, 호생, 수상꽃차례, 큰 키, 여름 개화(7~9월)
- 주로 하천이나 빈터의 습한 곳에 자생. 명아자여뀌는 흔히 하천에서 무리 지어 자라고, 털여뀌는 드문드문 분포하지만 사람 키 이상으로 자라는 경우가 많음

잎은 장타원상 피침형

잎에 털이 있으며, 중앙에 반점이 나타나기도 함

명아자여뀌

명아자여뀌
꽃은 수상꽃차례에 달리고, 꽃차례는 길고 아래로 처지며, 홍자색 또는 흰색

명아자여뀌
줄기에 털이 거의 없고 흑자색 점이 산재
탁엽은 엽초형이며, 가장자리에 탁엽보다 긴 털이 위로 올라붙음

털여뀌
꽃은 수상꽃차례에 달리고, 꽃차례는 길고 아래로 처지며, 홍자색 또는 연한 홍색

털여뀌
줄기에 털이 많음
탁엽은 엽초형이며, 표면과 가장자리에 잔털이 있음

털여뀌
잎은 넓은 난형
전체에 거친 털 밀생

221 | 개여뀌, 흰여뀌 | 마디풀과

- **기본 식별 특징**: 쌍떡잎식물, 단엽, 호생, 엽초형 탁엽, 수상꽃차례, 초여름 개화 (6~10월)
- 산지나 풀밭의 약간 습한 곳에 자생. 흰여뀌가 좀 더 큼

222 | 광대나물 | 꿀풀과

- **기본 식별 특징**: 쌍떡잎식물, 단엽, 대생, 반원형 잎, 줄기 단면이 사각형, 순형화관, 초봄 개화(3~5월)
- 주로 공원의 풀밭이나 하천변, 논두렁 등에 자생하며, 무리 지어 자라는 경우도 많음

223 | **꿀풀** | 꿀풀과

- **기본 식별 특징**: 쌍떡잎식물, 단엽, 대생, 줄기 단면이 사각형, 순형화관, 꽃이 줄기 끝에 촘촘히 달림, 늦봄 개화(5~7월)
- 산이나 들의 풀밭에 자생

흔히 밑에서 여러 대가 모여남

꽃은 줄기 끝에 모여남

꽃받침은 5갈래로 갈라지며, 표면에 잔털

순형화관은 보라색 또는 분홍색

하순은 3갈래로 갈라짐

교호대생

줄기 단면은 사각형이며, 전체에 흰 털

224 | 조개나물 | 꿀풀과

- **기본 식별 특징**: 쌍떡잎식물, 단엽, 대생, 줄기 단면이 사각형, 순형화관, 전체에 솜털 밀생, 봄 개화(4~5월)
- 양지바른 풀밭이나 무덤가에서 자주 보임

꽃은 엽액에 윤생하며, 층층으로 달림

식물체 전체에 긴 흰색 솜털 밀생

수술은 4개이며, 2개는 길고, 2개는 짧음

잎은 난형이며, 털이 많음

순형화관(상순은 작고 하순이 큼)

줄기 단면이 사각형

하순은 3갈래로 갈라지며, 중앙 열편이 다시 2갈래로 갈라짐

꽃받침은 5갈래로 깊게 갈라짐

225 | 배초향 | 꿀풀과

- **기본 식별 특징**: 쌍떡잎식물, 단엽, 대생, 줄기 단면이 사각형, 순형화관, 긴 꽃차례에 사방으로 달리는 꽃, 여름 개화(7~10월)
- 산과 들의 양지바른 풀밭에 자생하며, 향기가 강함

줄기 윗부분에서 가지가 많이 갈라짐

꽃은 줄기와 가지 끝의 수상꽃차례에 달림

암술대가 길며, 암술머리는 2갈래로 갈라짐

수술은 4개이며, 그중 1~2개는 길쭉함

꽃받침은 끝이 5갈래로 갈라지며, 세로 줄이 있음

잎은 난형 또는 난상 심장형이며, 둔한 톱니

줄기 단면은 사각형

아래쪽 잎은 긴 잎자루

226 | 산박하 | 꿀풀과

- **기본 식별 특징**: 쌍떡잎식물, 단엽, 대생, 줄기 단면이 사각형, 순형화관, 여름 개화 (7~10월)
- 주로 산지의 양지바른 풀밭에 자생하며, 이름과 다르게 향기는 거의 없음

꽃은 줄기 끝의 취산꽃차례에 달림

줄기는 가지가 많이 갈라지며, 털이 있고 단면은 사각형

상순은 3~4갈래로 갈라지며, 보라색 세로 줄

잎자루에 날개

하순은 감싸듯이 위로 말려 올라감

잎은 삼각상 난형 또는 난형이며, 둔한 톱니

227 | 익모초 | 꿀풀과

- **기본 식별 특징**: 쌍떡잎식물, 단엽, 대생, 근생엽은 장상으로 갈라짐, 줄기 단면이 사각형, 키가 크고 갈라지는 잎, 순형화관, 여름 개화(7~9월)
- 들이나 하천변에 자생하며, 쓴맛이 강함

경생엽은 잎자루가 길고 흔히 2~3개로 갈라지며, 열편은 다시 갈라지거나 톱니

줄기 단면이 사각형이며, 잔털 밀생

근생엽은 난상 원형이며, 장상으로 갈라지고 각 열편이 다시 결각이 짐

하순은 3갈래로 갈라지며, 중앙 열편은 다시 2갈래로 갈라지고, 자주색 세로 줄

꽃은 엽액에 층층이 달림

수술은 4개 중 2개가 길쭉함

꽃받침은 끝이 5갈래로 갈라지며, 끝이 바늘처럼 뾰족

228 | 배암차즈기 | 꿀풀과

- **기본 식별 특징**: 쌍떡잎식물, 단엽, 대생, 잎에 많은 주름, 줄기 단면이 사각형, 전체에 털 밀생, 순형화관, 늦봄 개화(5~7월)
- 하천변이나 길가 풀밭 등에 자생하며 도심 주변에서도 흔히 보임

근생엽은 난상 타원형이며, 톱니가 있고 표면이 엠보싱 형태

하순은 3갈래로 갈라지며, 중앙 열편이 크고 보라색 점

꽃은 줄기 끝과 엽액에 나오는 총상꽃차례에 달림

꽃받침은 얕게 위아래로 갈라지며, 표면에 털

줄기 단면이 사각형이며, 꽃차례와 더불어 털

경생엽은 난상 장타원형이며, 톱니가 있고, 양면에 잔털

229 | **들깨풀, 쥐깨풀** | 꿀풀과

- **기본 식별 특징**: 쌍떡잎식물, 단엽, 대생, 줄기 단면이 사각형, 순형화관, 크기가 작은 꽃, 여름 개화(7~9월)
- 들이나 도로변 풀밭 등에서 드문드문 보임

230 | 달맞이꽃, 큰달맞이꽃 | 바늘꽃과

- **기본 식별 특징**: 쌍떡잎식물, 단엽, 호생, 근생엽은 월동, 잎에 분홍색 주맥, 원기둥형 긴 열매, 초여름 개화(6~10월)
- 길가나 나지, 하천변에 자생. 꽃의 크기와 암술대의 길이로 2종을 구분하며, 주변에서 보이는 것은 대부분 달맞이꽃

231 | **미나리아재비** | 미나리아재비과

- **기본 식별 특징**: 쌍떡잎식물, 단엽, 호생, 근생엽 발달(장상으로 갈라짐), 늦봄 개화 (5~6월)
- 산이나 들의 습한 곳에 자생

232 | 괭이밥, 선괭이밥 | 괭이밥과

- **기본 식별 특징**: 쌍떡잎식물, 3출엽, 호생, 소엽이 하트 모양, 봄 개화(4~9월)
- 길가나 경작지, 공원의 풀밭, 하천변 등 도심 주변에서도 흔히 보임. 잎은 신맛이 강함

233 | **어저귀** | 아욱과

- **기본 식별 특징**: 쌍떡잎식물, 단엽, 호생, 뚜렷한 장상맥, 열매가 방사상으로 배열, 늦여름 개화(8~10월)
- 들이나 하천, 도로변 풀밭 등에서 보임

234 | 기린초 | 돌나물과

- **기본 식별 특징**: 쌍떡잎식물, 단엽, 호생, 줄기가 모여나고 육질성인 잎, 초여름 개화 (6~9월)
- 흔히 산지나 섬 지역의 바위틈에 자생하며, 공원 등에 식재된 개체가 보임

여러 대의 줄기가 모여남

수술 10개
꽃받침조각 5개 꽃잎 5장 암술 5개

잎은 다소 육질이며, 긴 도란형이고 비교적 둔한 톱니

열매는 별 모양

꽃은 줄기 끝에서 산방상 취산꽃차례에 달림

235 | **돌나물** | 돌나물과

- **기본 식별 특징**: 쌍떡잎식물, 단엽, 3윤생, 바닥을 기듯 자라는 줄기, 봄 개화(5~6월)
- 습기가 많은 바위틈이나 풀밭에 자생

236 | 고추나물 | 물레나물과

- **기본 식별 특징**: 쌍떡잎식물, 단엽, 교호대생, 꽃잎에 톱니가 있기도 함, 여름 개화 (7~8월)
- 산이나 들에 자생하며, 물레나물에 비해 크기가 작음

잎은 난상 피침형이며, 잎자루가 없고 가장자리는 밋밋함

암술대는 3개이며 짧음

꽃잎(5장)은 가장자리에 톱니가 있기도 함

수술 다수

꽃은 줄기와 가지 끝에 모여남

열매는 난형

237 | 물레나물 | 물레나물과

- **기본 식별 특징**: 쌍떡잎식물, 단엽, 교호대생, 바람개비처럼 휘어진 꽃잎, 초여름 개화 (6~8월)
- 주로 산이나 들의 습한 곳에 자생하며, 공원 등에 관상용으로 식재한 개체가 보임

수술 다수

암술대의 길이는 수술과 비슷하거나 길며, 5갈래로 깊게 갈라짐

꽃잎(5장)은 한쪽으로 약간 휘어져 바람개비 모양

꽃은 줄기와 가지 끝의 취산꽃차례에 달림

줄기 단면은 사각형

열매는 난형

잎은 피침형이며, 잎자루가 없고 가장자리는 밋밋함

238 | 매미꽃, 피나물 | 양귀비과

- **기본 식별 특징**: 쌍떡잎식물, 우상복엽, 호생, 큰 꽃이 주로 1개씩 달림, 매미꽃은 늦봄 개화(5~7월), 피나물은 봄 개화(4~5월)
- 매미꽃은 주로 남부 지역 산지에 드물게 자람. 주변에서는 관상용으로 식재한 개체가 보임. 피나물은 산지의 계곡 주변에 비교적 흔하게 자생

꽃은 엽액에 1~3개씩 달림

꽃잎은 4장이며, 넓은 난형

꽃받침조각은 2개이며, 일찍 떨어짐

잎은 우상복엽(소엽은 주로 5개)이며, 불규칙한 결각상 톱니

꽃은 땅에서 올라오는 꽃줄기에 1~10개씩 산형으로 달림

잎은 우상복엽(소엽은 3~7개)이며, 예리한 톱니 또는 결각상 톱니

239 | 애기똥풀 | 양귀비과

- **기본 식별 특징**: 쌍떡잎식물, 1~2회 우상복엽, 호생, 근생엽 발달, 전체에 털이 많음, 봄 개화(4~8월)
- 숲 주변이나 풀밭, 도로변의 녹지 등 주변에서도 흔히 보이며, 잎이나 줄기의 상처 부위에서 노란색 유액이 흘러나옴

잎은 우상복엽이며, 결각과 둔한 톱니

꽃잎은 4장이며, 가장자리에 톱니가 있기도 함

수술 다수
암술 1개

꽃은 줄기와 가지 끝에 산형으로 달림

꽃받침조각은 2개이며, 일찍 떨어짐

전체적으로 긴 털 밀생

240 | **쇠비름** | 쇠비름과

- **기본 식별 특징**: 쌍떡잎식물, 단엽, 대생(호생하기도 함), 바닥을 기며 다육질인 붉은색 줄기, 초여름 개화(6~8월)
- 경작지 주변은 물론 길가, 빈터 등의 척박한 곳에서도 보임. 건조한 환경에도 생명력이 강함

잎은 다소 육질이며, 도란형이고 가장자리는 밋밋함

줄기는 적갈색이며 다육질

암술대 5개

꽃잎은 5장이며 끝이 파임   수술 7~12개

줄기는 여러 개로 갈라져 바닥을 기듯이 자람

종자

열매는 타원형

열매가 성숙하면 가로로 갈라지는 부분

241 | 마타리 | 마타리과

- **기본 식별 특징**: 쌍떡잎식물, 우상복엽, 대생, 잎이 깊게 갈라짐, 산방꽃차례, 여름 개화(7~10월)
- 산이나 들, 섬 지역의 햇빛이 잘 드는 곳에 자생하며, 키가 크기 때문에 멀리서도 잘 보임

줄기는 위로 갈수록 털이 거의 없음

잎은 우상으로 깊게 갈라지며 각 열편에 톱니

꽃의 크기는 작고 많이 달림

꽃은 줄기와 가지 끝에 생기는 산방꽃차례에 달림

242 | 산괴불주머니, 염주괴불주머니 | 현호색과

- **기본 식별 특징**: 쌍떡잎식물, 2회 우상복엽, 호생, 총상꽃차례, '거' 발달, 산괴불주머니는 초봄 개화(3~5월), 염주괴불주머니는 봄 개화(4~6월)
- 산괴불주머니는 주로 산지의 습한 곳에 자생하며, 염주괴불주머니는 주로 바닷가나 섬 지역에 흔함

화관의 아래쪽 부분이 넓고 끝이 뾰족함

잎은 2회 우상복엽이며, 각 열편이 우상으로 잘게 갈라짐

잎은 2~3회 3출 우상복엽이며, 각 열편에 결각

화관의 아래쪽 부분이 좁고 약간의 톱니

화관이 넓으며, 화관들 사이의 간격이 좁음

화관이 좁으며, 화관들 사이의 간격이 넓음

열매는 염주 모양

243 | 갈퀴꼭두서니, 갈퀴덩굴 | 꼭두서니과

- **기본 식별 특징**: 쌍떡잎식물, 단엽, 윤생, 줄기의 능선에 가시 많음, 갈퀴꼭두서니는 여름 개화(7~9월), 갈퀴덩굴은 늦봄 개화(5~6월)
- 갈퀴꼭두서니는 산이나 들, 섬 지역에 주로 자생하며, 갈퀴덩굴은 길가나 하천변 등에서 흔히 보임

갈퀴꼭두서니

긴 잎자루

잎은 장난형이며, 줄기에서는 6~10개, 가지에서는 4~6개씩 윤생

줄기의 능선에 아래를 향한 가시가 있어 다른 물체에 잘 붙음

갈퀴덩굴

갈퀴꼭두서니

열매는 2개씩 붙어 있으며, 검은색

잎은 도피침형이며, 6~8개가 윤생

갈퀴꼭두서니

꽃은 줄기 끝과 엽액에서 나온 원추꽃차례에 달림

갈퀴꼭두서니

수술은 5~6개

화관은 5~6갈래로 깊게 갈라지며, 황록색

암술 1개

갈퀴덩굴

열매는 2개씩 붙어 있으며, 갈고리 모양 단단한 털 밀생

꽃은 엽액에서 나온 취산꽃차례에 달림

갈퀴덩굴

수술 4개, 암술 1개

화관은 4갈래로 깊게 갈라지며, 황록색

244 | **초롱꽃** | 초롱꽃과

- **기본 식별 특징**: 쌍떡잎식물, 단엽, 호생, 근생엽 발달, 종 모양 화관, 늦봄 개화(5~8월)
- 주로 산지의 습한 곳에 자생하며, 공원 등에서도 관상용으로 식재한 개체가 흔히 보임

화관은 종 모양이며, 아래를 향해 달리고 끝이 5갈래로 갈라짐

꽃받침조각은 5개이며, 피침형

경생엽은 넓은 피침형

전체적으로 털이 많음

가장자리에 불규칙한 톱니

근생엽은 난상 심장형이며, 긴 잎자루

245 | **봄맞이** | 앵초과

- **기본 식별 특징**: 쌍떡잎식물, 잎은 모두 근생엽이고 크기가 작음, 봄 개화(4~5월)
- 들이나 밭, 공원 풀밭 등 햇빛이 잘 드는 곳에 자생하며, 무리 지어 자라기도 함

246 | **파리풀** | 파리풀과

- **기본 식별 특징**: 쌍떡잎식물, 단엽, 대생, 수상꽃차례, 아래로 내려 붙는 열매, 여름 개화(7~9월)
- 주로 숲속이나 섬 지역의 그늘진 곳에 자생. 열매의 모양이 새가 날개를 접고 앉아 있는 모습과 비슷함

전체적으로 약간의 잔털

꽃은 줄기 끝의 수상꽃차례에 달리며, 연한 홍자색이 도는 흰색

꽃받침은 끝에서 3개가 길어져 가시처럼 발달

열매는 꽃이 진 후 아래로 내려 붙으며, 다른 물체에 잘 붙음

꽃받침

포

화관은 순형화관이며, 하순이 크고 3갈래로 갈라짐

줄기 단면이 사각형

잎은 삼각상 난형이며, 둔한 톱니

247 | 노루발 | 노루발과

- **기본 식별 특징**: 쌍떡잎식물, 잎은 모두 근생엽, 상록성, 잎에 흰색 줄무늬, 초여름 개화(6~7월)
- 숲속의 그늘진 곳에 흔히 자생

꽃은 근생엽 사이에서 올라오는 꽃줄기의 총상꽃차례에 달리며, 아래를 향함

잎이 두꺼우며, 잎맥으로 생기는 흰색 줄무늬 발달

꽃받침조각은 5개이며, 피침형

화관은 5갈래로 깊게 갈라짐

수술 10개

암술대는 길게 휘어져 밖으로 나옴

전년도 잎

당해년도 잎

열매 암술대 꽃받침조각

248 | **까마중** | 가지과

- **기본 식별 특징**: 쌍떡잎식물, 단엽, 호생, 자루 끝에 모여 달리는 구형 검은색 열매, 여름 개화(7~11월)
- 길가나 하천변, 도심 주변 풀밭 등에서 흔히 보이며, 초겨울까지도 꽃이 핌

잎자루에 날개

잎은 난형이며, 물결 모양 톱니 몇 개

꽃받침조각은 5개이며, 길이가 짧음

열매는 구형이며, 검은색

화관은 5갈래로 깊게 갈라지며, 열편은 삼각형

수술은 5개이며, 암술대를 감싸고 있음

249 | 미국자리공, 자리공 | 자리공과

- **기본 식별 특징**: 쌍떡잎식물, 단엽, 호생, 크기가 대형, 총상꽃차례, 미국자리공은 초여름 개화(6~8월), 자리공은 봄 개화(5~6월)
- 미국자리공은 길가나 풀밭, 하천변 등에 흔히 자생하며, 자리공은 주로 남부 섬 지역에서 종종 보임. 주변에서 보이는 종은 대부분 미국자리공

자리공
수술은 8개이며, 꽃밥이 분홍색
암술대 8개, 씨방 8개가 윤생하기 때문에 열매도 8개 분리형으로 발달

미국자리공
꽃은 총상꽃차례에 달리며, 점차 아래로 굽음
열매는 구형이며, 흑자색

자리공
꽃은 총상꽃차례에 달리며, 직립형

미국자리공
암술대 10개
꽃잎은 없으며, 꽃받침조각이 5개
수술 10개

미국자리공
잎은 장타원형
줄기는 적자색을 띰

미국자리공
전체적으로 대형

250 | 뚝갈 | 마타리과

- **기본 식별 특징**: 쌍떡잎식물, 단엽, 대생, 산방꽃차례, 열매에 날개 발달, 늦여름 개화 (8~10월)
- 산과 들, 섬 지역의 햇빛이 잘 드는 곳에 자생

251 | 까치수염, 큰까치수염 | 앵초과

- **기본 식별 특징**: 쌍떡잎식물, 단엽, 호생, 한쪽 방향으로 굽은 총상꽃차례, 초여름 개화 (6~8월)
- 산이나 들의 햇빛이 잘 드는 곳에 자생하며, 까치수염이 좀 더 습한 곳을 선호하는 경향이 있음. 털의 유무로 2종을 구별할 수 있으며, 주변에서는 큰까치수염이 더 많이 보임

252 | **주름잎** | 현삼과

- **기본 식별 특징**: 쌍떡잎식물, 단엽, 대생(위쪽은 호생), 순형화관, 봄 개화(4~10월)
- 경작지 주변이나 하천변 등에 자생하며, 주로 습한 곳에서 보임

화관은 연한 보라색이며, 위아래 2갈래로 벌어지고 아래쪽 열편이 큼

아래쪽 열편은 넓고 3갈래로 얕게 갈라지며, 흰색 바탕에 황색 점들이 중앙 돌출부에 분포함

위쪽 열편은 끝이 2갈래로 갈라짐

꽃받침조각은 5개이며, 삼각상 난형

밑에서 줄기가 몇 개 올라와 곧게 서거나 약간 비스듬히 자라며, 전체에 잔털

253 | 이질풀, 쥐손이풀 | 쥐손이풀과

- **기본 식별 특징**: 쌍떡잎식물, 단엽, 대생, 장상으로 갈라지는 잎, 꽃잎에 줄무늬, 이질풀은 늦여름 개화(8~10월), 쥐손이풀은 여름 개화(7~9월)
- 산이나 들, 공원, 하천변 등에서 흔히 보임. 꽃은 이질풀이 약간 크며, 이질풀이 들, 쥐손이풀은 숲 가장자리에 흔함. 꽃 색깔은 모두 홍자색 또는 흰색이지만, 이질풀은 홍자색이, 쥐손이풀은 흰색이 더 자주 눈에 띔

잎은 3~5갈래로 갈라지며, 톱니가 있고 전체적으로 끝이 둔한 편

꽃은 주로 엽액에서 나온 꽃자루에 2개씩 달림

꽃은 주로 엽액에서 나온 꽃자루에 1개씩 달림

꽃받침조각은 5개이며, 끝이 침처럼 뾰족

꽃잎은 5장이며, 모든 꽃잎에서 자주색 줄무늬 5개가 뚜렷함

잎은 3~5갈래로 갈라지며, 톱니가 있고 전체적으로 끝이 뾰족한 편

꽃잎은 5장이며, 모든 꽃잎에서 자주색 줄무늬 3개가 뚜렷하고 2개는 옅음

열매는 5개로 갈라지며, 아래에서 위로 말림

254 | 족도리풀 | 쥐방울덩굴과

- **기본 식별 특징**: 쌍떡잎식물, 단엽, 잎 2개, 꽃받침이 반구형, 봄 개화(4~5월)
- 주로 산지에 자생. 꽃이 지표면 근처에 있으며, 근경에서는 단맛이 남

255 | 금낭화 | 현호색과

- **기본 식별 특징**: 쌍떡잎식물, 2회 3출엽, 호생, 길게 휘어지는 꽃차례, 복주머니 모양 꽃, 늦봄 개화(5~6월)
- 산지의 계곡 주변 같은 습한 곳에 자생하며, 공원 등에서도 관상용으로 식재한 것이 보임

꽃은 줄기 끝 총상꽃차례에 달리며, 모두 아래를 향해 핌

잎은 2회 3출엽이며, 소엽은 3~5개로 갈라짐

거

안쪽 꽃잎 2개는 합쳐져 암술과 수술을 둘러쌈

바깥 꽃잎 2개는 홍색이고, 기부는 부풀어 '거'로 이어지며 끝은 좁아져 뒤로 젖혀짐

수술 6개(3개씩 2묶음)와 암술대가 합쳐짐

열매는 장타원형이며, 표면에 굴곡이 있고 끝이 좁아짐

256 | **물봉선** | 봉선화과

- **기본 식별 특징**: 쌍떡잎식물, 단엽, 호생, '거' 발달, 늦여름 개화(8~9월)
- 산지의 계곡이나 숲 주변의 습지에 흔히 무리 지어 자람. 성숙한 열매에 손을 대면 열매가 터지면서 종자가 튀어나옴

잎은 난상 또는 도란상 타원형이며, 끝이 뾰족하고 예리한 톱니 발달

수술은 5개이며, 꽃밥이 합쳐져 암술대를 둘러쌈

열매는 피침형이며, 성숙하면 탄력적으로 말리면서 종자를 튕겨 냄

꽃받침조각은 3개이며, 그중 1개는 통으로 발달하고 끝이 안쪽으로 말린 '거'로 발달

꽃은 줄기와 가지 끝에서 나오는 총상꽃차례에 달림

꽃잎은 모양이 불규칙하며, 아래쪽 2개는 넓음

257 | **쥐꼬리망초** | 쥐꼬리망초과

- **기본 식별 특징**: 쌍떡잎식물, 단엽, 대생, 순형화관, 꽃이 촘촘히 달림, 여름 개화 (7~9월)
- 산이나 들, 공원 풀밭의 약간 습한 곳에서 보이며, 꽃차례의 모습이 동물의 꼬리 모양과 비슷함

줄기는 옆으로 자라다가 곧게 서며, 밑에서 가지가 여러 개로 갈라짐

잎은 타원상 피침형이며, 가장자리는 밋밋함

꽃은 줄기와 가지 끝에 밀생

포와 꽃받침조각이 밀생해 전체적으로 이삭처럼 보임

줄기 단면이 사각형

포에 털이 많음

화관은 상순과 하순으로 갈라짐

수술 2개

꽃받침조각은 5개이며, 가늘고 길쭉함

하순 끝은 3갈래로 갈라지며, 기부에 흰색 무늬

258 | 부처꽃, 털부처꽃 | 부처꽃과

- **기본 식별 특징**: 쌍떡잎식물, 단엽, 대생, 꽃이 촘촘히 달림, 초여름 개화(6~9월)
- 들의 습지나 하천 등에서 자생. 공원의 연못가에 식재하며, 털부처꽃이 주로 보임

259 | 꽃며느리밥풀 | 현삼과

- **기본 식별 특징**: 쌍떡잎식물, 단엽, 대생, 순형화관, 여름 개화(7~8월)
- 흔히 산지의 숲속에 자생

잎은 장타원상 피침형이며, 가장자리는 밋밋함

화관은 순형이며, 위아래로 갈라지고 하순의 돌출부가 흰색이어서 밥풀 2개처럼 보임

포는 잎과 비슷하며, 위로 올라갈수록 가장자리 아랫부분에 침 모양 돌기가 있음

꽃받침조각은 4개이며, 털이 있음

꽃은 줄기와 가지 끝의 수상꽃차례에 달림

260 | 할미꽃 | 미나리아재비과

- **기본 식별 특징**: 쌍떡잎식물, 근생엽, 우상복엽, 전체에 털, 아래로 굽은 꽃줄기, 초봄 개화(3~5월)
- 산지의 햇빛이 잘 드는 풀밭이나 무덤 주변에서 자생하며, 공원 등에서도 식재한 개체가 흔히 보임

전체에 털 밀생
꽃은 밑에서 올라오는 꽃줄기 끝에 1개씩 달림
포
잎
화피는 6장(외화피 3장, 내화피 3장)이며, 바깥쪽에는 털이 밀생하고 안쪽은 적자색
수술 다수
포
암술 다수

열매(암술대에 털 밀생)

잎
잎은 모두 근생엽이며, 우상복엽(소엽 5개)이고 결각이 있음

261 | 애기풀 | 원지과

- **기본 식별 특징**: 쌍떡잎식물, 단엽, 호생, 꽃받침이 꽃잎 모양, 봄 개화(4~5월)
- 반 목본이며, 산지의 햇빛이 잘 드는 풀밭이나 무덤 주변에서 흔히 보임

반 목본이지만 흔히 초본처럼 보이며, 밑에서 줄기가 여러 개 나옴

전체에 흰 털이 많음

꽃받침조각은 5개(피침형 3개, 꽃잎형 2개)이며, 홍자색 또는 보라색

꽃받침조각 2개는 날개처럼 됨

잎은 난상 장타원형이며, 톱니가 없고 뒷면은 자주색이 흔함

꽃잎은 아랫부분이 붙어 있고 윗부분이 갈라져서 벌어지며, 특히 한쪽은 잘게 찢어지듯 갈라짐

262 | **현호색** | 현호색과

- **기본 식별 특징**: 쌍떡잎식물, 1~2회 3출엽, 호생, '거' 발달, 순형화관(갈래꽃), 봄 개화 (4월)
- 산지 숲속에서 자생하며, 잎의 변이가 매우 심함

잎은 1~2회 3출엽이며, 열편이 다시 깊게 갈라짐

꽃은 줄기 끝의 총상꽃차례에 달림

잎은 열편이 선형 또는 빗살형 등 다양한 형태가 나타남

꽃은 연한 홍자색이나 청자색이며, 뒤쪽으로 '거'가 발달

꽃잎은 4장이며, 2장씩 위아래로 벌어지는 순형화관

포는 깊게 갈라지거나 결각이 짐

263 | 선개불알풀, 큰개불알풀 | 현삼과

- **기본 식별 특징**: 쌍떡잎식물, 단엽, 대생(위쪽은 호생), 화관은 4갈래로 갈라짐, 선개불알풀은 줄기가 곧게 서고, 큰개불알풀은 무리 지어 자람. 선개불알풀은 봄 개화(4~5월), 큰개불알풀은 초봄 개화(2~5월)
- 길가나 하천변, 공원의 풀밭 등 햇빛이 잘 드는 곳에 흔히 자생. 선개불알풀은 꽃이 작아서 자세히 살펴봐야 보이고, 큰개불알풀은 서식 환경에 따라 겨울철에도 꽃이 핌

264 | 도라지 | 초롱꽃과

- **기본 식별 특징**: 쌍떡잎식물, 단엽, 3윤생(대생 또는 호생도 나타남), 종 모양 화관, 여름 개화(7~9월)
- 산지나 섬 지역에 자생하며, 주변에서는 흔히 재배하거나 관상용으로 식재한 것이 보임

잎은 흔히 3윤생(호생 또는 대생도 있음)하며, 가장자리에 톱니

꽃은 줄기 끝에 3~4개, 혹은 1개씩 달리며, 보라색 또는 흰색

화관은 5갈래로 갈라지며, 안쪽에 보라색 줄무늬

꽃받침조각은 작으며, 끝이 뾰족

암술머리는 흔히 5갈래로 갈라짐

수술 5개

265 | **층층잔대** | 초롱꽃과

- **기본 식별 특징**: 쌍떡잎식물, 단엽, 3~5윤생, 꽃은 종 모양이며 마디에서 윤생, 여름 개화(7~9월)
- 산과 들, 섬 지역의 풀밭에서 자생

잎은 3~5개씩 윤생하며, 장타원형 또는 피침형이고 톱니 발달

꽃받침은 5개이며, 선형

화관은 긴 종 모양이고 끝이 좁아지면서 5갈래로 갈라짐

암술대는 화관 밖으로 길게 나옴

꽃은 줄기 끝 원추꽃차례에 달리며, 마디에서 윤생

266 | 꽃마리, 꽃받이 | 지치과

- **기본 식별 특징**: 쌍떡잎식물, 단엽, 호생, 긴 꽃차례, 연한 하늘색 꽃, 봄 개화(4~5월)
- 들이나 하천변, 공원의 풀밭 등에 자생하며, 도심 주변에서도 흔히 보임

267 | 땅빈대, 애기땅빈대, 큰땅빈대 | 대극과

- **기본 식별 특징**: 쌍떡잎식물, 단엽, 대생(2열 배열), 땅빈대는 늦여름 개화(8~9월), 애기땅빈대와 큰땅빈대는 초여름 개화(6~9월)
- 경작지나 하천변, 공원 풀밭 등에 자생하며, 땅빈대는 섬 지역에서도 흔히 보임. 주변에서는 애기땅빈대가 많이 보이며, 보도블럭 틈 사이에서 나와 바닥을 기듯이 자라는 개체도 많음

애기땅빈대
줄기가 붉은색이며, 전체적으로 흰 털 밀생
보통 지면을 따라 벋으며, 보도블럭 틈에서 나와 자라기도 함
잎 중앙에 적갈색 반점이 나타남

큰땅빈대
수꽃
암꽃

땅빈대
잎에 반점이 없고, 열매에 털이 없음

애기땅빈대
수꽃과 암꽃이 한 쌍씩 달리며, 열매에 털

큰땅빈대
줄기는 비스듬히 위로 자람
다른 땅빈대류에 비해 잎이 크며, 톱니가 깊고 끝이 뾰족함

268 | **피마자** | 대극과

- **기본 식별 특징**: 쌍떡잎식물, 단엽, 호생, 잎은 장상으로 갈라짐, 열매에 가시, 늦여름 개화(8~10월)
- 재배하거나 경작지 주변에 야생화된 개체가 흔히 보이며, 키가 커서 멀리서도 잘 보임

잎은 장상(흔히 5~9개)으로 갈라지며, 뾰족한 톱니

열매 표면에 가시 모양 돌기가 밀생

암꽃이 수꽃보다 높은 곳에 위치

화피조각은 5개

수꽃(슈술대가 여러 갈래로 갈라짐)

269 | **깨풀** | 대극과

- **기본 식별 특징**: 쌍떡잎식물, 단엽, 호생, 포 발달, 수상꽃차례(수꽃), 늦여름 개화 (8~10월)
- 경작지 주변이나 하천변, 공원의 풀밭 등에 흔히 자생

잎의 기부에서 3~5출맥이 발달

잎은 난형이며, 잎자루가 길고 가장자리에 둔한 톱니

포

암꽃은 수꽃의 아래쪽에 달리며, 포에 둘러싸여 있음

수꽃은 수상꽃차례에 달림

270 | **쇠무릎** | 비름과

- **기본 식별 특징**: 쌍떡잎식물, 단엽, 대생, 마디 부분이 부풀어 비대, 늦여름 개화(8~9월)
- 산지나 하천변, 공원 풀밭 등의 그늘지고 비교적 습기가 많은 곳에 자생. 열매가 잘 달라붙음

가지가 많이 갈라짐

줄기 단면이 사각형

마디가 비대함

포는 3개 중 2개가 길쭉함

잎은 장타원형 또는 장난형이며, 털이 약간 있고 측맥이 뚜렷함

암술 1개

수술 5개

꽃받침조각(5개)은 열매를 감싸면서 내리붙음

꽃은 엽액에서 나오는 수상꽃차례에 달림

271 | 명아주, 좀명아주, 흰명아주 | 명아주과

- **기본 식별 특징**: 쌍떡잎식물, 단엽, 호생, 잎이 삼각형, 여름 개화(7~9월)
- 들이나 길가, 하천변 등에 자생. 명아주는 섬 지역에서 더 많이 보이고, 주변에서는 좀명아주와 흰명아주 등이 흔히 보임

272 | **질경이, 창질경이** | 질경이과

- **기본 식별 특징**: 쌍떡잎식물, 잎은 근생엽, 나란히맥 발달, 수상꽃차례, 늦여름 개화 (5~9월)
- 질경이는 산이나 들, 길가, 하천변 등의 햇빛이 잘 드는 곳에 자생하며, 창질경이는 들이나 하천 제방 등에서 보이고, 남부 지역에 더 흔함

질경이
잎은 난형, 또는 넓은 난형이며, 털이 거의 없음

창질경이
잎은 피침형이며, 털이 많음
잎은 모두 근생엽이며, 나란히맥 발달

질경이
암술이 먼저 발달
포는 좁고 꽃받침보다 짧음
꽃받침은 4갈래로 갈라짐
수술 4개
암술 1개
암술과 수술이 화관 밖으로 길게 나옴
화관(반투명함)은 4갈래로 갈라지며, 젖혀짐

질경이
꽃은 짧은 꽃줄기 끝에 성기게 달리며, 긴 꽃차례

창질경이
꽃은 수상꽃차례에 달림
꽃은 긴 꽃줄기 끝에 촘촘히 달리며, 꽃차례가 짧음

273 | 개모시풀, 왜모시풀 | 쐐기풀과

- **기본 식별 특징**: 쌍떡잎식물, 단엽, 대생, 거친 잎, 수상꽃차례, 개모시풀은 줄기 아래쪽 엽액에서 나오는 꽃차례가 분지하는 경향이 있음, 여름 개화(7~9월)
- 주로 산지나 숲 주변에 자생. 왜모시풀은 남부 지역에서 더 자주 보임

꽃은 엽액에서 나오는 수상꽃차례에 달림

암꽃차례(수꽃차례는 줄기의 아래쪽 엽액에서 나오는 꽃차례에 달림)

톱니는 아래에서 위로 갈수록 커지는 경향이 있음

잎은 난형 또는 난상 원형이며, 끝이 꼬리처럼 길어짐

잎은 넓은 난형 또는 원형이며, 결각상 톱니 발달

줄기 위쪽에만 짧은 털이 있음. 개모시풀은 줄기에 능선과 더불어 전체에 짧은 털 밀생

274 | **모시물통이** | 쐐기풀과

- **기본 식별 특징**: 쌍떡잎식물, 단엽, 대생, 연약한 줄기, 엽액에 뭉쳐나는 꽃, 늦여름 개화(8~10월)
- 주로 산지 그늘의 습한 곳에 자생

잎은 난형이며, 끝이 꼬리처럼 뾰족하고 톱니 발달. 흔히 광택

꽃은 엽액에 뭉쳐남

줄기에 털이 없고 연약함

수꽃차례

꽃잎과 수술이 각각 2개

암꽃차례

꽃받침조각은 3개이며, 좁은 피침형

열매는 편평한 난형

꽃잎 3장

275 | 가는털비름, 개비름, 털비름 | 비름과

- **기본 식별 특징**: 쌍떡잎식물, 단엽, 호생, 수상꽃차례, 초여름 개화(6~9월)
- 경작지 주변이나 들, 하천변 등에 자생하며, 주변에서는 가는털비름이 가장 흔하게 보임

276 | 은방울꽃 | 백합과

- **기본 식별 특징**: 외떡잎식물, 단엽, 흔히 잎 2개, 꽃은 꽃줄기에 줄줄이 달리며 화관은 종 모양, 늦봄 개화(5월)
- 산지 숲속에 자생하며, 공원에서도 관상용으로 식재한 개체가 보임

잎은 대개 2개이며, 장타원형이고 아랫부분이 서로 얼싸안음

꽃은 밑에서 올라오는 꽃줄기의 총상꽃차례에 달리며, 아래를 향해 핌

포

화관은 종 모양이며, 끝이 6갈래로 갈라져 젖혀짐

열매는 구형이며, 붉은색으로 익음

277 | 둥굴레, 용둥굴레 | 백합과

- **기본 식별 특징**: 외떡잎식물, 단엽, 호생, 줄기가 비스듬히 휘어짐, 꽃은 엽액에 달리며 화관은 원통형, 늦봄 개화(5월)
- 주로 산지 숲속에 자생하며, 둥굴레가 더 흔하게 보임

278 | 애기나리, 큰애기나리 | 백합과

- **기본 식별 특징**: 외떡잎식물, 단엽, 호생, 화피 6장, 봄 개화(4~5월)
- 흔히 산지의 숲속에 자생하며, 애기나리가 더 흔하게 보임

279 | 선밀나물 | 백합과

- **기본 식별 특징**: 외떡잎식물, 단엽, 호생, 산형꽃차례, 늦봄 개화(5월)
- 주로 산지의 숲속에 자생하며 키가 큰 개체는 덩굴손이 달리기도 하지만, 주변에서 보이는 개체는 대부분 키가 작고 덩굴손이 없음

열매는 구형이며, 검은색으로 익음

잎이 호생하지만 3~4장씩 모여나기도 함

줄기는 곧게 서며, 잎은 난상 타원형

꽃은 엽액에서 나오는 산형꽃차례에 달림

수꽃은 흔히 화피 6장과 수술 6개로 이루어진 것이 많음

암꽃은 흔히 화피 6장과 암술대 3개로 이루어진 것이 많음

280 | 방울비짜루, 비짜루 | 백합과

- **기본 식별 특징**: 외떡잎식물, 잎이 퇴화되고 가지가 침엽수의 잎처럼 보임, 늦봄 개화(5~6월)
- 산지의 풀밭에도 자생하지만 주로 바닷가나 섬 지역에서 자주 보임. 비짜루는 8월까지도 꽃이 핌

281 | **옥잠화** | 백합과

- **기본 식별 특징**: 외떡잎식물, 잎은 근생엽으로 심장상 난형, 화관은 깔때기 모양(화피 6장), 늦여름 개화(8~10월)
- 공원 등에 관상용으로 식재한 것이 보임

잎은 심장상 난형이며, 뚜렷한 잎맥이 8~9쌍

꽃은 밑에서 올라오는 꽃줄기의 총상꽃차례에 달림

열매는 삼각상 원기둥형

포는 흔히 1~2개

화관은 깔때기 모양이며, 화피는 6장

수술 6개

암술대는 1개이며, 수술보다 약간 길쭉함

282 | **비비추** | 백합과

- **기본 식별 특징**: 외떡잎식물, 잎은 근생엽, 화관은 깔때기 모양(화피 6장), 여름 개화 (7~8월)
- 산지 계곡 주변에 자생하며, 공원 등에서도 관상용으로 식재한 개체가 흔히 보임

화관은 깔때기 모양이며, 화피는 6장

수술 6개

암술대는 1개이며, 수술보다 약간 길쭉함

꽃은 밑에서 올라오는 꽃줄기의 총상꽃차례에 달리며, 주로 한쪽 방향으로 핌

잎은 난상 타원형이며, 끝이 뾰족하고, 가장자리는 물결 모양

열매는 삼각상 장타원형

283 | 개맥문동, 맥문동 | 백합과

- **기본 식별 특징**: 외떡잎식물, 잎은 근생엽, 상록성, 선형, 총상꽃차례, 개맥문동은 늦봄 개화(5~7월), 맥문동은 초여름 개화(6~8월)
- 산지 숲속에 자생하며, 맥문동은 주로 남부 지역으로 갈수록 많음. 공원 등에서도 관상용으로 식재한 개체가 흔히 보임

284 | 무릇 | 백합과

- **기본 식별 특징**: 외떡잎식물, 단엽, 선형, 총상꽃차례, 여름 개화(7~9월)
- 산이나 들, 섬 지역의 풀밭 등에 자생. 흔히 개체당 잎이 2개 나오는 경우가 많으며, 봄형과 가을형으로 구분

- 화피는 6장이며, 연한 홍자색
- 암술 1개
- 수술 6개
- 꽃은 밑에서 올라오는 꽃줄기의 총상꽃차례에 달림
- 봄형 잎, 잎은 반 원통 모양으로 파임
- 열매는 난형

285 | **왕원추리, 원추리** | 백합과

- **기본 식별 특징**: 외떡잎식물, 잎은 2열로 포개져 달림, 화관은 깔때기 모양(화피 6장), 왕원추리 늦여름 개화(8~10월), 원추리 초여름 개화(6~8월)
- 산이나 들, 섬 지역에 흔히 자생하며, 공원 등에 식재한 개체가 보임. 왕원추리의 개화시기가 조금 늦음

286 | **참나리** | 백합과

- **기본 식별 특징**: 외떡잎식물, 단엽, 호생, 엽액에 살눈 발달, 화피 6장이 뒤로 말림, 여름 개화(7~8월)
- 산이나 들에도 자생하지만 주로 섬 지역에 흔하며, 무리 지어 자라기도 함

꽃은 줄기 끝과 가지 끝에서 나오며, 모두 아래를 향해 핌

암술대는 1개이며, 수술보다 약간 길쭉함

수술 6개

화피(6장)가 뒤로 말리며, 안쪽에 자주색 점이 밀생

엽액에 살눈이 달림

잎은 피침형이며, 촘촘히 달림

줄기는 적자색이며, 흰 털 밀생

287 | 산부추 | 백합과

- **기본 식별 특징**: 외떡잎식물, 잎은 선형이며 단면은 삼각형, 산형꽃차례, 가을 개화 (9~11월)
- 주로 산지에 자생

화피(6장)는 홍자색

수술 6개 암술 1개

꽃은 밑에서 올라오는 꽃줄기 끝의 산형꽃차례에 달리며, 전체적으로 공 모양

잎은 선형으로 길며, 횡단면이 삼각형

288 | 달래, 산달래 | 백합과

- **기본 식별 특징**: 외떡잎식물, 잎은 1~2개, 선형, 산달래는 꽃줄기 끝에 살눈 발달, 달래는 꽃이 1~2개 달리고 초봄 개화(3~5월), 산달래는 산형꽃차례에 달리고 늦봄 개화(5~6월)
- 달래는 산지 숲속에 드물게 자라고, 산달래는 산이나 들, 섬 지역의 풀밭에 비교적 흔함. 나물로 식용하는 종은 대부분 산달래

달래 — 밑에서 올라오는 꽃줄기 끝에 연한 홍자색 꽃이 1~3개 핌

산달래 — 꽃이 피기 전에 포 2개가 꽃차례 전체를 감싸고 있음

산달래 — 수술 6개, 암술대 3개, 화피는 6장이며, 연한 자주색

산달래 — 꽃은 밑에서 올라오는 꽃줄기 끝의 산형꽃차례에 달림

산달래 — 꽃의 일부가 살눈으로 변하기도 함

289 | 각시붓꽃, 붓꽃 | 붓꽃과

- **기본 식별 특징**: 외떡잎식물, 잎은 납작한 선형으로 포개지며 달림, 내화피와 외화피의 모양이 다름, 각시붓꽃은 봄 개화(4~5월), 붓꽃은 늦봄 개화(5~6월)
- 각시붓꽃은 산지의 풀밭에 자생. 붓꽃은 산이나 들의 습기가 많은 풀밭에 자생하며, 공원이나 연못 주변에서 식재한 개체가 흔히 보임

290 | 꽃창포, 노랑꽃창포 | 붓꽃과

- **기본 식별 특징**: 외떡잎식물, 잎은 2열로 포개져 달림, 내화피와 외화피의 모양이 다름, 꽃창포는 초여름 개화(6~7월), 노랑꽃창포는 늦봄 개화(5~6월)
- 꽃창포는 습지 주변에서 보이며, 하천이나 연못에 노랑꽃창포와 더불어 흔히 식재함

291 | **닭의장풀** | 닭의장풀과

- **기본 식별 특징**: 외떡잎식물, 단엽, 호생, 잎자루가 엽초형, 꽃을 포개듯 감싸는 포, 대개 파란색인 큰 내화피 2장, 여름 개화(7~10월)
- 산이나 들, 공원이나 하천변 등에 자생하며, 습기가 많은 곳에서 흔히 보임

292 | **자주닭개비** | 닭의장풀과

- **기본 식별 특징**: 외떡잎식물, 단엽, 호생, 흔히 무더기로 자람, 넓은 보라색 내화피 3장, 초여름 개화(6~10월)
- 민가 주변에서 관상용으로 식재한 개체가 보임

꽃은 줄기와 가지 끝에서 여러 개가 모여 달림

줄기는 여러 대가 밑에서 총생

수술(6개)은 수술대에 털이 많음

외화피 3장

암술 1개

내화피(3장)는 넓은 난형이며 보라색

잎은 넓은 선형이며, 'V'자로 골이 있으며, 밑부분이 줄기를 감쌈

293 | 앉은부채 | 천남성과

- **기본 식별 특징**: 외떡잎식물, 꽃이 진 후 근생엽이 크게 발달, 불염포 발달, 늦겨울·초봄 개화(2~4월)
- 주로 산지 사면의 바위틈에 자라는 경우가 많음. 수염뿌리가 사방으로 굵게 발달해 지상부보다 큰 근계를 형성

잎

꽃은 잎이 발달하기 전에 먼저 핌

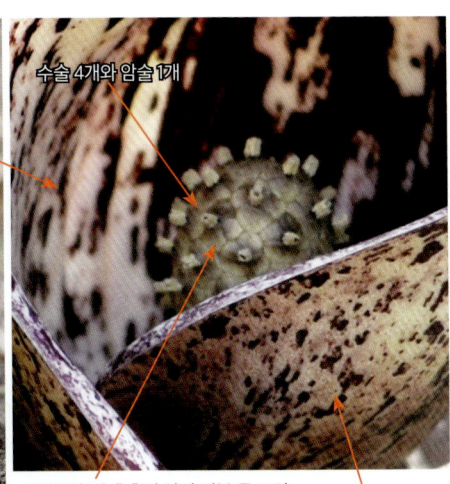

수술 4개와 암술 1개

꽃잎(4장)이 촘촘히 달려 거북 등 모양

불염포는 주로 자주색이며, 점무늬 발달

잎은 꽃이 진 후에 크게 발달하며, 넓은 심장형

꽃은 공처럼 생긴 육수꽃차례에 달림

294 | 둥근잎천남성, 점박이천남성 | 천남성과

- **기본 식별 특징**: 외떡잎식물, 잎(장상복엽) 1~2개, 불염포 발달, 봄 개화(4~6월)
- 산지의 숲속에 자생하며, 흔히 그늘지고 습한 곳에서 보임

잎(장상복엽)은 1~2개가 나며, 소엽은 3~5개가 흔함

불염포는 주로 녹색이며, 세로 줄무늬

꽃차례의 끝 부분은 긴 곤봉형

암꽃차례

잎은 보통 2개가 나며, 잎 1개에 소엽 수(5~14개)가 많은 복엽

줄기와 잎자루에 흑자색 반점

열매는 주황색

295 | 반하 | 천남성과

- **기본 식별 특징**: 외떡잎식물, 잎(3출엽) 1~2개, 불염포 발달, 꽃차례의 끝 부분이 채찍처럼 길게 나옴, 늦봄 개화(5~8월)
- 경작지 주변이나 풀밭 등에 자생

잎(3출엽)은 밑에서 1~2개씩 올라오며, 소엽은 난형이고 미세한 톱니가 나타나기도 함

꽃은 밑에서 올라오는 꽃줄기 끝의 육수꽃차례에 달림

불염포 안쪽이 흑자색

불염포

꽃차례의 끝 부분이 채찍처럼 길게 밖으로 나옴

296 | 뚝새풀 | 벼과

- **기본 식별 특징**: 외떡잎식물, 잎자루는 엽초형, 꽃차례는 원기둥형, 봄 개화(4~5월)
- 주로 논이나 하천변에 자생하며, 모내기 전의 논에서 대규모 군락을 이루기도 함

잎은 피침형이며, 곧게 서고 엽초 부분이 흰색을 띰

줄기는 밑에서 여러 개로 갈라지며, 곧게 섬

꽃차례는 전체가 원기둥형이며, 녹색이고 꽃 사이가 밀착되어 빈틈이 없음

297 | 갈대, 억새 | 벼과

- **기본 식별 특징**: 외떡잎식물, 잎자루는 엽초형, 꽃은 긴 이삭에 달림, 초가을 개화 (9~10월)
- 갈대는 주로 습지, 특히 강과 바다가 만나는 기수역에 대규모 군락을 이루며, 억새는 산이나 들의 건조한 곳에서 군락을 이룸. 서식지, 잎의 폭과 주맥의 발달 여부로 구별

주로 산을 포함한 건조지에 서식하며, 꽃차례는 흰색이 강함

줄기를 둘러싼 엽초

잎은 억새에 비해 폭이 넓고 흰색 주맥이 두드러지지 않음. 잎 가장자리가 날카롭지 않음

주로 습지(특히 강 하구)에 서식하며, 꽃차례는 갈색이 강함

잎은 갈대에 비해 폭이 좁고 흰색 주맥이 발달하며, 잎 가장자리가 날카로움

298 | 달뿌리풀 | 벼과

- **기본 식별 특징**: 외떡잎식물, 지면을 길게 벋는 줄기, 단엽, 호생, 잎자루는 엽초형, 꽃은 긴 이삭에 달림, 초가을 개화(9~10월)
- 하천변 모래땅에 자생하며, 주로 상류에서 보임

주로 하천 상류에 서식하며, 꽃은 자줏빛이 도는 갈색

근경에서 나온 어린 줄기

잎은 갈대에 비해 폭이 좁음

엽초 부분(특히 윗부분)이 자줏빛

근경이 지상으로 길게 벋으며, 마디에서 뿌리를 내림

299 | 강아지풀, 금강아지풀 | 벼과

- **기본 식별 특징**: 외떡잎식물, 잎자루는 엽초형, 꽃차례는 원기둥형, 여름 개화(7~8월)
- 들이나 하천변의 햇빛이 잘 드는 곳에 자라며, 강아지풀은 흔히 군락을 이룸

300 | **수크령** | 벼과

- **기본 식별 특징**: 외떡잎식물, 긴 잎, 잎자루는 엽초형, 꽃차례는 원기둥형, 늦여름 개화(8~9월)
- 들이나 바닷가의 햇빛이 잘 드는 곳에 자라며, 공원이나 하천변에서도 식재한 개체가 주로 보임. 잔가지에 양성화 1개와 수꽃이 달리며, 개화의 시간차 때문에 꽃차례 색깔이 다양함

꽃차례가 곧게 자라고 원기둥형이며, 강아지풀에 비해 매우 큼

줄기는 밑에서 가지가 많이 갈라지며, 잎은 넓은 선형으로 길쭉함

수술이 뚜렷이 보이는 시기의 꽃차례

수술과 암술이 모두 뚜렷이 보이는 시기의 꽃차례

암술만 뚜렷이 보이는 시기의 꽃차례

301 | 바랭이, 왕바랭이 | 벼과

- **기본 식별 특징**: 외떡잎식물, 잎자루는 엽초형, 꽃은 긴 이삭에 달림, 바랭이는 여름 개화(7~9월), 왕바랭이는 늦여름 개화(8~10월)
- 경작지 주변이나 풀밭, 도로변 등에서도 흔히 보이며, 이삭의 굵기로 구별 가능

302 | 큰기름새 | 벼과

- **기본 식별 특징**: 외떡잎식물, 잎자루는 엽초형, 잎에 뚜렷한 흰색 주맥, 늦여름 개화 (8~9월)
- 주로 산지의 반그늘지고 습한 곳에 자생

줄기는 곧게 서며, 잎은 활처럼 휘어 잎 끝이 아래로 처짐

수상꽃차례 1개 총상꽃차례

꽃은 가지 끝 짧은 수상꽃차례에 달리며, 각각의 수상꽃차례가 모여 전체는 총상꽃차례 형태

잎은 선상 피침형이며, 흰색 주맥이 뚜렷함

303 | 개솔새, 솔새 | 벼과

- **기본 식별 특징**: 외떡잎식물, 잎자루는 엽초형, 꽃은 짧은 이삭에 달림, 초가을 개화 (9~10월)
- 산이나 들, 바닷가나 섬 지역 등의 햇빛이 잘 드는 곳에서 흔히 보임. 이삭의 색깔과 꺾임, 까락 등으로 구별

개솔새: 꽃은 수상꽃차례에 달리며, 전체 모양은 총상꽃차례를 이룸

개솔새: 꽃차례에 흰색이 강함

개솔새: 꽃차례는 2개씩 구부러짐

솔새: 잎은 좁은 선형이며, 기부에 긴 털 밀생

솔새: 꽃은 엽액에서 나온 수상꽃차례에 달리며, 전체 모양은 원추형

솔새: 포영 앞쪽에 긴 검은색 까락이 나옴

304 | 오리새 | 벼과

- **기본 식별 특징**: 외떡잎식물, 잎자루는 엽초형, 꽃이 가지에 뭉쳐나는 것처럼 보임, 늦봄 개화(5~6월)
- 들이나 길가, 하천변 등 햇빛이 잘 드는 곳에서 보임

잎은 편평하고 선형이며, 흰빛이 도는 짙은 녹색

축과 가지 사이에 작은 돌기가 있으며, 꽃차례의 가지 사이가 멀어 꽃이 듬성듬성 달린 것처럼 보임

꽃차례는 전체적으로 원추꽃차례를 이루며, 작은이삭에 꽃이 2~4개 달림

305 | **참새피** | 벼과

- **기본 식별 특징**: 외떡잎식물, 잎자루는 엽초형, 꽃은 이삭의 아래쪽으로 달림, 늦여름 개화(8월)
- 숲 주변이나 들의 햇빛이 잘 드는 곳에서 보임

잎은 선형이며, 엽초와 잎에 길고 흰 털 밀생

작은이삭은 가지 아래쪽에 2줄로 배열되며, 넓은 타원형이고 털은 거의 없음

꽃차례는 3~5개로 갈라짐

306 | 개피, 나도개피 | 벼과

- **기본 식별 특징**: 외떡잎식물, 잎자루는 엽초형, 꽃은 이삭의 한쪽 방향으로 달림, 개피는 늦봄 개화(5~6월), 나도개피는 여름 개화(7~9월)
- 개피는 주로 하천에서 보이며, 나도개피는 주로 풀밭에서 보임

꽃차례는 가지가 나선상으로 갈라지며, 털이 없음

잎은 피침형이고, 털이 없으며, 잔 톱니

잎은 긴 피침형이며, 잔털이 많음

꽃은 작은이삭에 한쪽 방향으로 달리며, 2줄로 배열

꽃차례는 가지가 한쪽 방향으로 갈라지며, 흰 털 밀생

307 | 개밀, 속털개밀 | 벼과

- **기본 식별 특징**: 외떡잎식물, 잎자루는 엽초형, 긴 이삭에 작은이삭들이 달리며, 까락이 발달, 늦봄 개화(5~6월)
- 들이나 길가, 하천변 등에서 보이며, 개밀은 군락을 이루기도 함

전체 꽃차례는 끝이 아래로 처지며, 작은이삭들 사이의 틈이 벌어짐

잎은 피침형이며, 흔히 흰빛이 도는 녹색

작은이삭 축이 바로 붙으며, 흰빛이 돌고, 호영에 긴 까락이 발달

전체 꽃차례는 끝이 아래로 처지지 않으며, 작은이삭들 사이의 틈이 벌어지지 않음

308 | **참새귀리, 털빕새귀리** | 벼과

- **기본 식별 특징**: 외떡잎식물, 잎자루는 엽초형, 작은이삭들이 가느다란 자루에 달림, 늦봄 개화(5~6월)
- 길가나 나지에서 흔하게 보이며, 털빕새귀리는 바닷가의 모래땅에서 군락을 이루기도 함

참새귀리 — 꽃은 원추꽃차례에 달리며, 아래로 처짐
작은이삭은 장타원형이며, 호영에 까락이 있음
엽초와 잎에 털

털빕새귀리
작은이삭은 좁은 장타원형이며, 호영에 까락이 있음
꽃은 원추꽃차례에 달리며, 아래로 처짐
식물체 전체에 털 밀생

309 | **돌피, 물피** | 벼과

- **기본 식별 특징**: 외떡잎식물, 잎자루는 엽초형, 꽃은 작은이삭에 밀생하며, 자주색, 여름 개화(7~8월)
- 돌피는 경작지 주변이나 나지, 하천변 등에 흔히 무리 지어 자라며, 물피는 주로 물가에서 보임

꽃은 원추꽃차례에 달리며, 가지의 작은이삭은 흔히 자주색

주로 빈터에 서식하며, 작은이삭에 달리는 까락의 길이가 짧음

주로 물가에 서식하며, 작은이삭에 달리는 까락의 길이가 길쭉함

줄기는 밑에서 많이 갈라지고 곧게 서며, 잎과 더불어 털이 없음

310 | 미국개기장 | 벼과

- **기본 식별 특징**: 외떡잎식물, 잎자루는 엽초형, 꽃차례는 가지가 많이 갈라짐, 늦여름 개화(8~10월)
- 길가의 풀밭이나 하천변에 자라며, 무리 지어 나기도 함

꽃은 원추꽃차례에 달리며, 각 마디에 가지 1~2개가 위를 향해 갈라짐

식물체에 털이 없으며, 잎에 흰색 주맥이 뚜렷함

작은이삭은 가지에 성기게 달림

311 | 김의털, 큰김의털 | 벼과

- **기본 식별 특징**: 외떡잎식물, 잎자루는 엽초형, 긴 이삭, 원추꽃차례, 김의털은 늦봄 개화(5~7월), 큰김의털은 초여름 개화(6~7월)
- 김의털은 주로 산지의 건조한 풀밭에서 자라며, 큰김의털은 길가나 하천변에서 흔히 관찰됨

잎은 초록색을 띠며, 김의털에 비해 폭이 넓음

식물체가 곧게 자람

잎은 말려서 가늘게 띠며, 분녹색을 띰

꽃은 원추꽃차례에 달리며, 가지 1~2개가 위를 향함

꽃은 원추꽃차례에 달리며, 마디마다 길고 짧은 가지가 2개 있음

312 | **띠** | 벼과

- **기본 식별 특징**: 외떡잎식물, 잎자루는 엽초형, 원추꽃차례, 꽃차례에 흰 털 밀생, 늦봄 개화(5~6월)
- 산이나 들, 바닷가 주변에 자라며, 바닷가 주변에서 대규모 군락지가 보이기도 함

암술머리는 2갈래로 길게 갈라지며, 흑자색

꽃은 전체적으로 원기둥형 꽃차례를 이루며, 작은이삭에 흰색 털 밀생

꽃은 잎보다 먼저 나오며, 수술은 2개

잎은 선상 피침형이며, 연한 녹색

군락

313 | 조개풀, 주름조개풀 | 벼과

- **기본 식별 특징**: 외떡잎식물, 잎자루는 엽초형, 잎에 주름, 가을 개화(9~10월)
- 조개풀은 주로 하천 주변에서 보이며, 주름조개풀은 산지의 반그늘 진 곳에서 흔히 보임

주름조개풀
잎은 난상 피침형이며, 주름이 많음

긴 까락이 발달하며, 점액이 있어 끈적거림

주름조개풀

조개풀
꽃줄기 끝에서 가지 여러 개가 갈라지며, 작은이삭은 1개씩 달림

꽃차례에 털이 많으며, 짧은 가지에 작은이삭이 밀착함

줄기는 기부가 바닥을 기며, 마디에서 뿌리를 내림

잎은 장난형이며, 가장자리가 물결 모양이고 기부가 꽃줄기를 둘러쌈

314 | 잔디 | 벼과

- **기본 식별 특징**: 외떡잎식물, 잎자루는 엽초형, 꽃차례는 원기둥형, 바닥을 기는 줄기, 늦봄 개화(5~6월)
- 공원이나 정원, 하천변 등에서 식재한 개체가 흔하게 보임

꽃은 꽃줄기 끝에 원기둥형으로 달리며, 포영이 자주색이고 광택

수술은 3개이며, 암술머리는 2갈래로 길게 갈라짐

잎은 피침형이며, 편평함

줄기가 옆으로 기며, 마디에서 뿌리를 내림

315 | 가는잎그늘사초, 그늘사초 | 사초과

- **기본 식별 특징**: 외떡잎식물, 꽃줄기 단면이 삼각형, 포 발달, 가는잎그늘사초는 초봄 개화(3~4월), 그늘사초는 봄 개화(4~5월)
- 숲속에 자생하며, 꽃이 진 후에 잎이 길어짐

가는잎그늘사초: 꽃줄기 끝에 달리는 꽃차례 1개는 모두 수꽃

그늘사초: 잎은 꽃이 진 후에 길어지며, 가는잎그늘사초에 비해 폭이 넓음

가는잎그늘사초: 포는 엽초형이며, 황록색

가는잎그늘사초: 암꽃차례는 측면에 1~3개가 달리며, 자루가 포 밖으로 나오지 않음

가는잎그늘사초: 잎은 꽃이 진 후에 길어지며, 가늘게 늘어짐

그늘사초: 암꽃차례는 측면에 2~5개가 달리며, 자루가 나옴

그늘사초: 꽃줄기 끝에 달리는 꽃차례 1개는 모두 수꽃

316 | 괭이사초, 산괭이사초 | 사초과

- **기본 식별 특징**: 외떡잎식물, 꽃줄기 단면이 삼각형, 포가 길며 잎 모양, 늦봄 개화 (5~7월)
- 괭이사초는 숲 주변이나 들, 하천변 등의 습한 곳에서 보임. 산괭이사초는 산지의 햇빛이 잘 드는 곳에 자생하며, 습한 곳을 선호

괭이사초

꽃차례는 위로 곧게 자라는 것이 많으며, 위에는 수꽃, 아래는 암꽃이 달림

산괭이사초

포가 짧음

작은이삭들이 밀집해 전체는 긴 원기둥형

암꽃

수꽃

포가 길며, 사방으로 퍼짐

작은이삭들이 밀집해 전체는 짧은 원기둥형

괭이사초

산괭이사초

꽃차례는 아래로 굽는 것이 많으며, 위에는 수꽃, 아래에는 암꽃이 달림

317 | 금방동사니, 방동사니 | 사초과

- **기본 식별 특징**: 외떡잎식물, 꽃줄기 단면이 삼각형, 포가 길며 잎 모양, 꽃은 작은이 삭에 2열 배열, 늦여름 개화(8~9월)
- 들이나 경작지 주변, 하천변에서 보임

꽃줄기의 가지가 많이 갈라지며, 길이가 다름

작은이삭에 꽃 8~20개가 좌우로 배열되어 납작한 모양이며, 적갈색

인편의 끝이 뾰족하며, 약간 뒤로 젖혀짐

포가 길며, 잎 모양

인편의 끝이 뾰족한 돌기 모양

작은이삭에 꽃 10~20개가 좌우로 배열되어 납작한 모양이며, 황색 또는 황갈색

318 | 방동사니대가리, 파대가리 | 사초과

- **기본 식별 특징**: 외떡잎식물, 꽃줄기 단면이 삼각형, 포 발달, 파대가리는 크기가 소형, 방동사니대가리는 여름 개화(7~9월), 파대가리는 늦여름 개화(8~9월)
- 방동사니대가리는 산이나 들 논둑 등의 습지에서 보이며, 파대가리는 하천이나 논둑, 연못 주변의 습지에서 보임

꽃줄기 끝에 작은이삭들이 산형으로 달려 전체가 공 모양

꽃줄기 끝에 구형 꽃차례가 1개 달리며, 지름이 1㎝ 내외로 크기가 작음

포는 2~3개씩 달리고 잎처럼 생겼으며, 옆으로 퍼짐

319 | **골풀** | 골풀과

- **기본 식별 특징**: 외떡잎식물, 줄기 단면이 원형, 포가 줄기 끝에 이어짐, 늦봄 개화 (5~6월)
- 산이나 들의 습지에 자생하며, 흔히 무더기로 자람

주로 습지에 생육

포는 줄기와 연속해서 이어짐   줄기는 단면이 원형

꽃은 자루 끝에 1개씩 달림

320 | **꿩의밥** | 골풀과

- **기본 식별 특징**: 외떡잎식물, 잎 가장자리에 실 같은 털, 꽃은 꽃줄기 끝에 공처럼 모여 달림, 봄 개화(4~5월)
- 산이나 들의 햇빛 잘 드는 풀밭이나 무덤 주변에서도 흔히 보임

잎 가장자리에 실 같은 긴 털 밀생

포는 피침형

꽃은 꽃줄기 끝에 모여나며, 공 모양

화피조각은 6개이며, 적갈색

수술(6개)은 짧은 수술대에 달림

암술대는 3갈래로 갈라지며, 서로 꽈배기처럼 꼬임

321 | 부들, 애기부들 | 부들과

- **기본 식별 특징**: 외떡잎식물, 잎은 납작한 선형, 꽃차례는 원기둥형, 초여름 개화 (6~8월)
- 하천이나 연못 주변, 논 주변 등 물이 많은 습지에서 보이며, 성숙한 열매는 터지면서 솜사탕처럼 부풀음

덩굴식물

326 | 나팔꽃, 둥근잎나팔꽃 | 메꽃과

- **기본 식별 특징**: 초본, 감는 줄기, 단엽, 호생, 홍색 또는 자주색 꽃, 화관은 넓은 깔때기 모양, 늦여름 개화(8~10월)
- 숲 주변이나 들, 하천변에서 흔히 보임. 나팔꽃은 식재하기도 하며, 품종이 다양함

꽃받침조각은 5개이며, 길게 뾰족

꽃은 보통 엽액에 1~3개씩 달림

품종에 따라 꽃 색깔이 다양

자주색, 붉은색, 흰색 등 꽃 색깔이 다양

암술 1개와 수술 5개

잎은 심장형이며, 3갈래로 갈라짐

325 | 둥근잎미국나팔꽃, 미국나팔꽃 | 메꽃과

- **기본 식별 특징**: 초본, 감는 줄기, 단엽, 호생, 청자색 또는 홍자색 꽃, 화관은 넓은 깔때기 모양, 늦여름 개화(8~10월)
- 들이나 하천변에서 흔히 보임

324 | 둥근잎유홍초 | 메꽃과

- **기본 식별 특징**: 초본, 감는 줄기, 단엽, 호생, 주황색 꽃, 화관은 좁은 깔때기 모양, 늦여름 개화(8~10월)
- 숲 주변이나 들, 하천변에서 흔히 보임

꽃은 엽액에서 나온 꽃대에 3~5개가 달림

열매에 암술대가 남아 있음

수술 5개, 암술대 1개

화관은 주황색이고 좁은 깔때기 모양이며, 통부가 길쭉함

꽃받침조각(5개)의 끝이 가시처럼 뾰족해짐

잎의 기부가 각이 지기도 함

잎은 심장형이며, 끝이 길게 뾰족해짐

323 | 메꽃, 애기메꽃 | 메꽃과

- **기본 식별 특징**: 초본, 감는 줄기, 단엽, 호생, 분홍색 꽃, 화관은 넓은 깔때기 모양, 늦봄 개화(5~9월)
- 들이나 길가, 하천변 등에서 흔히 보임

322 | 미국실새삼 | 메꽃과

- **기본 식별 특징**: 초본, 감는 줄기, 잎이 없음, 줄기가 가늘며 황색, 여름 개화(7~8월)
- 들이나 하천변에서 보이며, 흔히 식물체를 감거나 뒤덮어 멀리서도 잘 보임

초본에 기생하며, 줄기는 황색

꽃받침조각(5개)은 넓은타원형이며 흰색

꽃은 줄기에 군데군데 모여나며, 열매는 약간 납작한 구형

수술 5개

암술대는 2개이며, 암술머리는 구형이고 황색

화관은 흰색이며, 끝이 5갈래로 갈라짐

둥근잎나팔꽃

잎은 심장형이며, 갈라지지 않음

꽃은 보통 엽액에 5개 내외가 달림

나팔꽃

꽃받침조각 뒷면에 긴 털

둥근잎나팔꽃

꽃받침조각 뒷면에 짧은 털

327 | 나도닭의덩굴, 닭의덩굴, 큰닭의덩굴 |
마디풀과

- **기본 식별 특징**: 초본, 감는 줄기, 단엽, 호생, 잎은 화살촉 모양, 초여름 개화(6~9월)
- 산이나 들, 하천변 풀밭 등에 자람

닭의덩굴 / 기부 끝이 뾰족함 / 잎은 좁은 화살촉 모양

큰닭의덩굴 / 잎은 넓은 화살촉 모양

나도닭의덩굴 / 기부 끝이 둔함 / 잎은 넓은 화살촉 모양

나도닭의덩굴 / 화피는 5장이며, 표면에 털이 많고 날개로 발달하지 않음

닭의덩굴 / 화피 열편 5개 중 3개가 날개로 발달하며, 날개가 매끈함 / 꽃은 엽액에 몇 개씩 달리며, 열매는 원형에 가까움

큰닭의덩굴 / 수상꽃차례가 발달하기도 하며, 열매는 도란형에 가까움 / 화피 열편 5개 중 3개가 날개로 발달하며, 날개가 갈라짐

328 | 댕댕이덩굴 | 방기과

- **기본 식별 특징**: 목본, 감는 줄기, 단엽, 호생, 포도송이처럼 달리는 열매, 초여름 개화(6~8월)
- 숲 주변이나 들의 햇빛이 잘 드는 곳, 특히 섬 지역에 흔히 자생

수꽃은 엽액에서 나오는 원추꽃차례에 달림

수술 6개

꽃잎(6장)은 황백색이며, 끝이 2갈래

꽃받침조각은 6개이며, 황백색

잎은 난형이며, 얕게 3갈래로 갈라지기도 함

줄기와 잎에 잔털

열매는 구형이며, 흰 가루가 덮여 있는 검은색

329 | 새모래덩굴 | 방기과

- **기본 식별 특징**: 목본, 감는 줄기, 단엽, 호생, 각이 지는 방패 모양 잎, 늦봄 개화 (5~6월)
- 산지의 숲 가장자리나 계곡 근처에서 보임

잎은 방패 모양이며, 3~7각이 있음

잎자루는 잎 뒷면 안쪽으로 들어가서 달림

암꽃차례

암술머리는 2갈래

암술 1개는 심피 3개로 구성

꽃잎은 6~10장이며, 황백색

꽃은 엽액에서 나오는 원추꽃차례에 달림

수꽃차례

수술 2~20개

330 | 노박덩굴 | 노박덩굴과

- **기본 식별 특징**: 목본, 감는 줄기, 단엽, 호생, 주황색 가종피 발달, 늦봄 개화(5~6월)
- 산지에 흔히 자생

암꽃차례
암꽃은 엽액에 1~4개씩 달림
잎은 장타원형이며, 가장자리에 잔 톱니
잎 끝은 둥글거나 길게 뾰족해짐

수꽃은 엽액에 1~7개씩 달림
수꽃차례
수술 5개
꽃잎은 5장이며, 황록색

열매껍질 3개
가종피(안에 종자가 들어 있음)는 주황색

331 | 다래 | 다래나무과

- **기본 식별 특징**: 목본, 감는 줄기, 단엽, 호생, 타원형 잎, 검은색 꽃밥, 늦봄 개화 (5~6월)
- 주로 산지 계곡 주변에서 보임

꽃은 엽액에 1~7개씩 취산상으로 모여나며, 아래를 향해 핌

잎은 타원형 또는 넓은 난형이며, 작은 침상 톱니

꽃잎은 주로 5장

꽃받침조각은 주로 5개

수꽃차례

수술은 다수이며, 꽃밥이 검은색

열매에 꽃받침조각이 남아 있지 않음

열매는 타원형이며, 황록색으로 익음

332 | 마 | 마과

- **기본 식별 특징**: 초본, 감는 줄기, 단엽, 대생, 엽액에 살눈, 열매에 날개 3개, 초여름 개화(6~7월)
- 산이나 들에서 흔히 보임

줄기와 잎자루에 자줏빛이 돌기도 함

잎은 삼각상 난형이며, 끝이 뾰족하고 기부는 심장형

잎의 아랫부분이 양 옆으로 귓불처럼 넓어짐

수꽃은 엽액에서 나온 수상꽃차례에 달림

엽액에 살눈이 생김

열매에 날개가 3개 발달

333 | **박주가리** | 박주가리과

- **기본 식별 특징**: 초본, 감는 줄기, 단엽, 대생, 종자에 낙하산 모양 흰 털, 여름 개화 (7~9월)
- 숲 주변이나 들, 하천변에서 흔히 보이며, 상처 부위에서 흰색 유액이 흘러나옴

334 | 환삼덩굴 | 삼과

- **기본 식별 특징**: 초본, 감는 줄기, 단엽, 대생, 잎은 장상으로 갈라짐(단풍잎 모양), 전체에 잔가시 발달, 늦여름 개화(8~10월)
- 들이나 길가, 특히 하천변에서 대규모 군락으로 발달

335 | 인동덩굴 | 인동과

- **기본 식별 특징**: 목본, 감는 줄기, 단엽, 대생, 반 상록성 잎, 화관은 깔때기 모양, 흰색과 황색 꽃이 동시에 달림
- 숲 주변이나 섬 지역에서 흔히 보임. 전체적으로 털이 많고 잎의 일부가 월동함(반상록성)

암술 1개
수술 5개

꽃은 흰색에서 황색으로 변하기 때문에 흔히 2가지 색이 동시에 나타남

화관은 좁은 깔때기 모양이며, 위아래로 깊게 갈라지고 위쪽은 다시 얕게 4갈래

화관 통부에 샘털

열매는 구형이며, 검게 익음

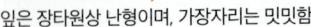

잎은 장타원상 난형이며, 가장자리는 밋밋함

336 | 칡 | 콩과

- **기본 식별 특징**: 목본, 감는 줄기, 3출엽, 호생, 접형화관, 줄기와 열매에 갈색 털, 여름 개화(7~10월)
- 산지나 하천변, 섬 지역에서 흔히 보임

소엽은 흔히 얕게 2~3갈래로 갈라짐

꽃은 엽액에서 나온 수상꽃차례에 달림

잎자루 기부에 관절이 있으며, 약간 부풀음

줄기와 잎자루에 갈색 털 밀생

꽃잎은 적자색이며, 기판 하부에 노란색 무늬

흔히 다른 수목의 위를 덮어 고사시키는 '망토군락'으로 발달하는 경우가 많음

열매는 길고 납작하며, 표면에 갈색 털 밀생

337 | 새팥, 좀돌팥 | 콩과

- **기본 식별 특징**: 초본, 감는 줄기, 3출엽, 호생, 접형화관, 노란색 꽃, 원기둥형 열매, 늦여름 개화(8~9월)
- 들이나 공원의 풀밭에서 흔히 보이며, 잎 모양과 꽃차례로 구별

338 | 돌콩, 새콩 | 콩과

- **기본 식별 특징**: 초본, 감는 줄기, 3출엽, 호생, 접형화관, 보라색 꽃, 납작한 열매, 늦여름 개화(8~9월)
- 들이나 풀밭, 하천변에 자생하며, 주변에서는 돌콩이 더 흔하게 보임

돌콩 — 소엽은 타원상 피침형

새콩 — 소엽은 난상 마름모꼴

돌콩 — 열매는 장타원형이며, 전체에 갈색 털 밀생

새콩 — 열매는 납작하며, 칼 모양이고 가장자리에 갈색 털 밀생

돌콩 — 익판 2장이 안쪽으로 말리면서 바깥쪽의 흰색 부분이 밥풀처럼 보임

새콩 — 꽃받침은 통부보다 얕게 갈라짐 / 꽃은 총상꽃차례에 달림 / 기판 2장은 바깥쪽으로 말리며, 익판과 용골판이 암술과 수술을 감쌈

339 | **사위질빵** | 미나리아재비과

- **기본 식별 특징**: 목본, 감는 줄기, 3출엽, 대생, 2~3갈래로 갈라지는 소엽, 여름 개화 (7~9월)
- 산지 숲 가장자리에서 흔히 보임

소엽은 흔히 2~3갈래로 갈라지며, 톱니

줄기와 가지가 길게 자라 분포 면적이 넓음

암술 10개 내외
수술 다수
화피 4장
꽃은 엽액에서 나오는 원추 또는 취산꽃차례에 달림

열매는 5~10개씩 달리며, 암술대가 변한 흰색 털 밀생

340 | 큰꽃으아리 | 미나리아재비과

- **기본 식별 특징**: 목본, 감는 줄기, 3출엽, 단엽이나 우상복엽도 보임, 대생, 긴 꽃대에 꽃 1개, 늦봄 개화(5~6월)
- 흔히 산지의 습한 곳에서 보이며, 같은 속의 종들 중에 꽃이 가장 큼

잎은 3출엽이 많지만 단엽이나 우상복엽도 나타남

암술대는 길게 늘어지며, 황갈색 털 밀생

341 | **으아리** | 미나리아재비과

- **기본 식별 특징**: 목본, 감는 줄기, 우상복엽, 대생, 꽃은 취산꽃차례에 여러 개 달림, 여름 개화(7~9월)
- 숲 주변에서 보이며, 반 목본 특징이 있음

암술은 주로 10개 이하로 적은 편

수술 다수

화피는 주로 4~5장

소엽(5~7개)은 난상 타원형이며, 가장자리가 밋밋함

꽃은 엽액에서 나온 취산꽃차례에 달림

342 | 등, 흰등 | 콩과

- **기본 식별 특징**: 목본, 감는 줄기, 우상복엽, 호생, 소엽에 주름, 접형화관, 길게 늘어지는 총상꽃차례, 봄 개화(4~5월)
- 숲 주변의 계곡 등에 자생하지만 자생종은 드물며, 공원 등지에서 햇빛 가림용으로 식재된 개체가 흔히 보임

꽃은 총상꽃차례에 달리며, 아래로 늘어짐

종자는 납작한 원형이며, 광택

소엽(11~19개)은 난상 타원형이며, 가장자리가 물결 모양

꽃잎은 연한 자주색이며, 기판 중앙에 노란색 무늬

열매는 도피침형으로 길며, 우단 같은 잔털 밀생

꽃잎이 흰색

회갈색 수피

343 | 으름덩굴 | 으름덩굴과

- **기본 식별 특징**: 목본, 감는 줄기, 장상복엽, 호생, 소엽 5~7개, 단성화, 봄 개화(4~5월)
- 산지의 숲 주변에서 흔하게 보임

소엽(5~7개)은 도란형이며, 끝이 오목하고 가장자리는 대개 밋밋함

꽃은 엽액에서 나온 짧은 총상꽃차례에 달림

수꽃 암꽃

수꽃

수술 6개

화피는 3장이며, 반구형

암꽃

암술머리에 점액질 분비물 나옴

344 | 개머루, 새머루 | 포도과

- **기본 식별 특징**: 목본, 덩굴손, 단엽, 호생, 꽃차례나 덩굴손은 잎과 마주 보고 달림, 개머루는 여름 개화(7~8월), 새머루는 늦봄 개화(5~6월)
- 개머루는 산지나 숲의 계곡 근처에서 주로 보이며, 새머루는 남쪽이나 섬 지역으로 갈수록 더 흔하게 나타남

345 | **청가시덩굴** | 백합과

- **기본 식별 특징**: 목본, 단엽, 호생, 잎자루 기부에 덩굴손 1쌍, 줄기에 가시, 검은색 열매, 늦봄 개화(5~6월)
- 산이나 들에서 흔히 보임

잎은 넓은 난형

덩굴손은 잎자루 기부에 2개씩 달림

열매는 구형이며, 검은색으로 익음

수꽃차례

수술 6개

꽃은 엽액에서 나오는 산형꽃차례에 달림

가시는 가늘고 뾰족하며, 검은색

암꽃차례

화피 6장

암술대는 얕게 2갈래

346 | **청미래덩굴** | 백합과

- **기본 식별 특징**: 목본, 단엽, 호생, 잎자루 기부에 덩굴손 1쌍, 줄기에 가시, 붉은색 열매, 봄 개화(4~5월)
- 산이나 들, 섬 지역에서도 흔히 보임

가시는 굵고, 적갈색

수술 6개
화피 6장
수꽃차례

덩굴손은 잎자루 기부에 2개씩 달림
암꽃차례
암술대는 3갈래

꽃은 엽액에서 나오는 산형꽃차례에 달림

줄기가 지그재그
잎은 광타원상 원형

열매는 구형이며, 붉은색

347 | 밀나물 | 백합과

- **기본 식별 특징**: 초본, 단엽, 호생, 잎자루 기부에 덩굴손 1쌍, 늦봄 개화(5~6월)
- 주로 산이나 들에 자생

줄기 윗부분에서 가지가 갈라짐

덩굴손은 잎자루 기부에 2개씩 달림

잎은 난상 타원형

열매는 구형이며, 검은색으로 익음

348 | 호박 | 박과

- **기본 식별 특징**: 초본, 단엽, 호생, 덩굴손이 스프링 모양으로 길게 발달, 잎이 대형, 화관은 넓은 깔때기 모양, 단성화, 초여름 개화(6~9월)
- 주로 식용으로 식재하며, 하천변이나 들에 야생화된 개체도 흔히 보임

349 | **살갈퀴** | 콩과

- **기본 식별 특징**: 초본, 우상복엽, 호생, 복엽 끝에 생기는 덩굴손, 접형화관, 검은색 열매, 봄 개화(4~5월)
- 들이나 길가, 하천변, 공원 풀밭 등 도심 주변에서도 흔히 보임

덩굴손은 복엽 끝 부분에 생기며, 주로 3회 갈라짐

소엽(주로 5~6쌍)은 끝이 편평하며, 끝에 침 모양 돌기

꽃은 홍자색이며, 엽액에 1~2개씩 달림

열매는 검은색이며, 표면이 매끈함

꽃받침조각은 길게 뾰족

탁엽 줄기 단면이 사각형이며, 전체에 털

350 | 새완두, 얼치기완두 | 콩과

- **기본 식별 특징**: 초본, 우상복엽, 호생, 복엽 끝에 생기는 덩굴손, 접형화관, 새완두는 늦봄 개화(5~6월), 얼치기완두는 봄 개화(4~5월)
- 숲 주변이나 들에 자생하며, 주변에서는 공원 풀밭 등에서 비교적 흔히 보임

351 | 담쟁이덩굴, 미국담쟁이덩굴 | 포도과

- **기본 식별 특징**: 담쟁이덩굴은 단엽(흔히 3갈래) 또는 3출엽이고 미국담쟁이덩굴은 장상복엽, 호생, 담쟁이덩굴은 늦봄 개화(5~6월), 미국담쟁이덩굴은 여름 개화(7~8월)
- 담쟁이덩굴은 숲속이나 섬 지역의 바위, 수목 등에 흡착판으로 붙어 자라며, 담장이나 벽면에 녹화용으로 식재한 개체도 흔히 보임. 미국담쟁이덩굴은 덩굴손이 발달하며, 벽면이나 옹벽에 식재해 위에서 아래로 늘어진 개체가 보임. 숲 주변이나 하천변, 공원 등지에서 야생화된 개체도 비교적 흔함

352 | 능소화 | 능소화과

- **기본 식별 특징**: 목본, 붙임 뿌리 발달, 우상복엽, 대생, 주황색 꽃, 깔때기 모양 화관, 여름 개화(7~9월)
- 관상용으로 식재하며, 돌담이나 벽 등에 붙어 자라기도 하지만 일반 수목처럼 독립적으로 식재된 개체도 흔히 보임

소엽은 7~11개이며, 톱니 발달

꽃받침조각의 끝이 뾰족

수술 2개는 길고 2개는 짧음. 암술대는 납작하며 끝이 2갈래

화관은 깔때기 모양이며, 주황색이고 끝이 5갈래

벽에 붙어 자라는 모양

꽃은 가지 끝 원추꽃차례에 달림

찾아보기

ㄱ

가는잎그늘사초 315
가는잎왕고들빼기 155
가는털비름 275
가시상추 156
가죽나무 115
각시붓꽃 289
갈대 297
갈참나무 41
갈퀴꼭두서니 243
갈퀴덩굴 243
감국 130
감나무 17
갓 202
강아지풀 299
개갓냉이 203
개나리 86
개망초 131
개맥문동 283
개머루 344
개모시풀 273
개밀 307
개별꽃 196
개비름 275
개소시랑개비 182
개솔새 303
개쑥갓 158
개쑥부쟁이 133
개암나무 60
개여뀌 221
개옻나무 125
개잎갈나무 4

개피 306
갯버들 58
계수나무 85
고깔제비꽃 172
고들빼기 154
고로쇠나무 83
고마리 214
고삼 186
고욤나무 17
고추나물 236
골등골나물 169
골풀 319
곰솔 6
광대나물 222
광대싸리 61
괭이밥 232
괭이사초 316
구기자나무 65
구절초 136
국수나무 73
굴참나무 48
그늘사초 315
금강아지풀 299
금낭화 255
금방동사니 317
금불초 141
기린초 234
김의털 311
까마중 248
까치수염 251
깨풀 269
꼬리조팝나무 72

꽃다지 205
꽃마리 266
꽃며느리밥풀 259
꽃받이 266
꽃창포 290
꿀풀 223
꿩의밥 320
끈끈이대나물 200

ㄴ

나도개피 306
나도냉이 204
나도닭의덩굴 327
나팔꽃 326
낙우송 2
남산제비꽃 175
냉이 207
넓은잎외잎쑥 166
노각나무 18
노간주나무 13
노랑꽃창포 290
노랑선씀바귀 153
노랑제비꽃 179
노랑코스모스 140
노루발 247
노린재나무 66
노박덩굴 330
누리장나무 92
느릅나무 38
느티나무 37
능소화 352

ㄷ

다래 331
다릅나무 116
단풍나무 84
단풍잎돼지풀 164
달래 288
달맞이꽃 230
달뿌리풀 298
닭의덩굴 327
닭의장풀 291
담쟁이덩굴 351
당단풍나무 84
대왕참나무 45
대추나무 34
댕댕이덩굴 328
덜꿩나무 88
덩굴장미 110
도깨비바늘 143
도꼬마리 170
도라지 264
돌나물 235
돌소리쟁이 218
돌콩 338
돌피 309
돼지풀 165
두릅나무 108
둥굴레 277
둥근매듭풀 188
둥근잎나팔꽃 326
둥근잎미국나팔꽃 325
둥근잎유홍초 324
둥근잎천남성 294
들깨풀 229
등 342
등골나물 169
딱지꽃 183
땅비싸리 119
땅빈대 267
때죽나무 19
떡갈나무 44
뚝갈 250
뚝새풀 296
뚱딴지 137
뜰보리수 67
띠 312

ㄹ

리기다소나무 7

ㅁ

마 332
마가목 122
마디풀 216
마로니에 128
마타리 241
만첩빈도리 94
말냉이 211
맑은대쑥 166
망초 132
매듭풀 188
매미꽃 238
매실나무 31
맥문동 283
멍석딸기 105
메꽃 323
메타세콰이아 2
며느리밑씻개 213
며느리배꼽 213
명아자여뀌 220
명아주 271
모감주나무 126
모과나무 30
모란 104
모시물통이 274
목련 21
무궁화 68
무릇 284
물레나물 237
물박달나무 51
물봉선 256
물오리나무 49
물푸레나무 113
물피 309
미국가막사리 168
미국개기장 310
미국나팔꽃 325
미국담쟁이덩굴 351
미국실새삼 322
미국쑥부쟁이 134
미국자리공 249
미꾸리낚시 215
미나리냉이 209
미나리아재비 231
미역취 142
민들레 151
밀나물 347

ㅂ

바랭이 301
박주가리 333
박태기나무 75
반하 295

밤나무 46
방가지똥 149
방동사니 317
방동사니대가리 318
방울비짜루 280
배나무 33
배롱나무 81
배암차즈기 228
배초향 225
백당나무 89
백목련 21
뱀딸기 181
버드나무 57
버들금불초 141
벌개미취 135
벌노랑이 191
벌씀바귀 152
벚나무 27
벼룩나물 198
벼룩이자리 198
별꽃 197
병꽃나무 87
보리수나무 67
복분자딸기 112
복사나무 32
복자기 101
봄망초 131
봄맞이 245
부들 321
부처꽃 258
불두화 89
붉나무 124
붉은병꽃나무 87
붉은서나물 159

붉은토끼풀 194
붓꽃 289
비비추 282
비수리 187
비짜루 280
비짜루국화 147
빈도리 94
뺑쑥 167
뽀리뱅이 157
뽕나무 54

ㅅ
사데풀 148
사방오리 50
사위질빵 339
사철나무 99
산괭이사초 316
산괴불주머니 242
산국 130
산달래 288
산당화 74
산딸기 71
산딸나무 79
산박하 226
산부추 287
산뽕나무 54
산사나무 29
산수유 80
산철쭉 63
산초나무 107
살갈퀴 349
살구나무 31
상수리나무 47
새머루 344

새모래덩굴 329
새완두 350
새콩 338
새팥 337
생강나무 59
서양등골나물 169
서양민들레 151
서양벌노랑이 191
서양수수꽃다리 91
서양오엽딸기 129
서양측백나무 15
서어나무 53
서울제비꽃 173
선개불알풀 263
선괭이밥 232
선밀나물 279
선씀바귀 153
선토끼풀 195
섬잣나무 8
세잎양지꽃 180
소나무 5
소리쟁이 219
소태나무 114
속속이풀 203
속털개밀 307
솔새 303
솜나물 145
쇠무릎 270
쇠별꽃 197
쇠비름 240
수수꽃다리 91
수양버들 57
수영 217
수크령 300

쉬땅나무 123
스트로브잣나무 10
시무나무 40
신갈나무 43
신나무 82
싸리 102
쑥 167
쑥부쟁이 133
씀바귀 153

ㅇ
아까시나무 106
앉은부채 293
알록제비꽃 176
애기나리 278
애기땅빈대 267
애기똥풀 239
애기메꽃 323
애기부들 321
애기수영 217
애기풀 261
앵도나무 69
양버즘나무 55
양지꽃 180
어저귀 233
억새 297
얼치기완두 350
엉겅퀴 160
염주괴불주머니 242
영산홍 63
오리새 304
오이풀 185
옥잠화 281
왕고들빼기 155

왕바랭이 301
왕벚나무 28
왕원추리 285
왜모시풀 273
외대으아리 127
용둥굴레 277
원추리 285
원추천인국 138
유럽점나도나물 199
유채 202
으름덩굴 343
으아리 341
은방울꽃 276
은사시나무 56
은행나무 1
음나무 36
이고들빼기 154
이질풀 253
이팝나무 78
익모초 227
인동덩굴 335
일본매자나무 76
일본목련 23
일본잎갈나무 3

ㅈ
자귀나무 121
자귀풀 189
자리공 249
자목련 22
자작나무 52
자주개자리 193
자주닭개비 292
자주목련 22

작살나무 93
잔개자리 192
잔디 314
잔털벚나무 27
잣나무 9
장구채 201
장대나물 212
재쑥 206
전나무 11
전동싸리 190
점나도나물 199
점박이천남성 294
제비꽃 173
제비쑥 166
조개나물 224
조개풀 313
조록싸리 103
조뱅이 163
조팝나무 72
족도리풀 254
족제비싸리 118
졸방제비꽃 178
졸참나무 42
좀깨잎나무 98
좀돌팥 337
좀명아주 271
좀작살나무 93
좀쌀냉이 208
종지나물 177
주름잎 252
주름조개풀 313
주목 12
주홍서나물 159
죽단화 70

줄딸기 112
중국단풍 83
중대가리풀 171
쥐깨풀 229
쥐꼬리망초 257
쥐똥나무 90
쥐손이풀 253
지느러미엉겅퀴 160
지칭개 162
진달래 64
질경이 272
짚신나물 184
쪽동백나무 20
찔레꽃 111

ㅊ

차풀 189
참나리 286
참느릅나무 38
참새귀리 308
참새피 305
참소리쟁이 219
참싸리 102
참오동나무 77
창질경이 272
철쭉 62
청가시덩굴 345
청미래덩굴 346
초롱꽃 244
초피나무 107
측백나무 15
층층나무 35
층층잔대 265
칠엽수 128
취 336

ㅋ

코스모스 140
콩다닥냉이 210
콩배나무 33
콩제비꽃 178
큰개별꽃 196
큰개불알풀 263
큰금계국 139
큰기름새 302
큰김의털 311
큰까치수염 251
큰꽃으아리 340
큰낭아초 120
큰달맞이꽃 230
큰닭의덩굴 327
큰도꼬마리 170
큰땅빈대 267
큰방가지똥 149
큰비짜루국화 147
큰애기나리 278
큰엉겅퀴 161
큰조뱅이 163
키버들 97

ㅌ

털도깨비바늘 143
털별꽃아재비 144
털부처꽃 258
털비름 275
털빕새귀리 308
털여뀌 220
토끼풀 195
튜울립나무 25

ㅍ

파대가리 318
파리풀 246
팥배나무 26
팽나무 39
편백 16
풀명자 74
피나물 238
피마자 268

ㅎ

한련초 146
할미꽃 260
함박꽃나무 24
해당화 109
해바라기 137
향나무 14
현호색 262
호박 348
호비수리 187
화백 16
화살나무 96
환삼덩굴 334
황매화 70
황새냉이 208
회양목 100
회화나무 117
흰등 342
흰말채나무 95
흰명아주 271
흰민들레 150
흰여뀌 221
흰젖제비꽃 174
흰제비꽃 174